最怕一生平庸无为，还安慰自己平淡可贵

解晚晴——著

北京理工大学出版社

BEIJING INSTITUTE OF TECHNOLOGY PRESS

图书在版编目（CIP）数据

最怕一生平庸无为，还安慰自己平淡可贵 /解晚晴著.—北京：北京理工大学

出版社，2017.1

ISBN 978-7-5682-3572-3

Ⅰ.①最… Ⅱ.①解… Ⅲ.①成功心理—通俗读物 Ⅳ.①B848.4-49

中国版本图书馆CIP数据核字（2016）第318850号

出版发行 / 北京理工大学出版社有限责任公司

社　　址 / 北京市海淀区中关村南大街5号

邮　　编 / 100081

电　　话 / （010）68914775（总编室）

　　　　　（010）82562903（教材售后服务热线）

　　　　　（010）68948351（其他图书服务热线）

网　　址 / http: // www.bitpress.com.cn

经　　销 / 全国各地新华书店

印　　刷 / 三河市天润建兴印务有限公司

开　　本 / 880毫米×1230毫米　1/32

印　　张 / 8　　　　　　　　　　　　　　　　责任编辑 / 李慧智

字　　数 / 139千字　　　　　　　　　　　　　文案编辑 / 李慧智

版　　次 / 2017年1月第1版　2017年1月第1次印刷　　责任校对 / 王素新

定　　价 / 35.00元　　　　　　　　　　　　　责任印制 / 马振武

图书出现印装质量问题，请拨打售后服务热线，本社负责调换

写这部书稿的时候，尽管古城依旧笼罩在浓浓的雾霾当中，然而我的内心却是前所未有的清澈透明。

蓦然回首，在迎来送往中，我的三十二载春秋已是一部只可回味、不可回放的老电影。在那些回忆的片段里，很多人事已逐渐模糊，唯独光阴加诸心灵的磨砺不会忘记。尽管也有仓皇的凌乱和懵懂的无知，但更多的却是不懈的坚持和不到黄河心不死的决绝；也曾在一路风雨，一路泥泞的跋山涉水中茫然四顾，但庆幸的是无论经历多少挫折和苦难的磨砺，我都没有忘记自己最初的目标，我始终坚信：在持之以恒的努力下，每一个今天都会比昨天更好。

对于文字我爱得真切，更多的时候感觉文字才是我内心最私密而芬芳的出口。最早的时候喜欢蒋建伟散文的深情灵动，而今更喜欢雪小婵的悲悯禅意。从文字的风格来说，以前更侧重于文字的张力和对心灵的净化，而这本书里的文字，更多的是直逼现实的惨不忍睹、情景逼真的场景再现。

生活需要风花雪月的诗意，但也一样需要我们有面对千疮百孔的现实的勇气，只有认清现实，努力地去矫正过往，我们的生命之花才能开得更加硕大艳丽。本书中提到的很多事就发生在我的身上或我的身边，与其说这本书带给读者的是一种治愈警醒的体验，不如说是我自己的一个自省反思的过程。

不同的经历和阅历总能教会我们成长，所幸的是，人的智慧不仅可以用来宽慰别人，还可以在反思对错中自勉。人生就是一场永无止境的修行，越是经过时光和苦难的打磨才越有味道，你一定要相信，你现在所吃的苦，都会成为你将来的福。

以前总觉得自己思想成熟，写完这部书稿时，对成熟一词又有了全新的定义：对任何事情，心里没有恐惧感；遇事不慌张，能够从容不迫地面对；自己想要的明天，都在有条不紊地按步实施；内心有敬畏、有感恩、有温暖，这才是真正的成熟。希望你能够在这本书里找到一些共鸣的体验。

行走于尘世，每个人都是孤单的舞者，每个人的人生体验更是千差万别，但我们一样都需要情怀的支撑。但这种情怀应该是矢志不渝、脚踏实地、建立在现实背景上的真情怀。我们要做一个有真情怀的人，也只有真情怀才能成为扶持我们跨过障碍和险阻的拐杖；而那些无法着陆的伪情怀，充其量只是一根稻草，承担不了任何的重量和压力，反而会成为害人害己的道具。

无论生活给了我们什么，都是我们必须要经历的，愿我们都能在更多的努力、懂得、感恩里一路向前，在若干年后回首往事时，不至于因遗憾而无力地懊恼：明明一生平庸无为，还安慰自己平淡可贵！

目 录
CONTENTS

第一辑　别拿伪情怀当拐杖，那只是稻草

取悦别人，远不如充实自己 / 002

你都不曾上路，怎知前方一定有艰难险阻 / 010

退一步也许会海阔天空，但更可能是万丈深渊 / 019

别看他怎么说，做到了才是王道 / 026

学会感恩，这世界没人有义务给你什么 / 035

别拿伪情怀当拐杖，那只是稻草 / 041

自己不努力，身边的人再优秀也和你没关系 / 049

生活里固然有挫折和伤害，但那不是你堕落的理由 / 058

你是金子就要努力发光，埋在地下成不了宝藏 / 067

别让面子情结毁了你一生，其实你没那么多观众 / 075

过分的谦让不是美德，是自卑 / 081

第二辑　最怕一生平庸无为，还安慰自己平淡可贵

你挤不进比你优秀的人的世界，只是实力相差太远 / 092

在靠实力的年代，不要总靠运气 / 100

拥有空杯心态，昨天的辉煌不代表今天的灿烂 / 106

人生不设限，没有最努力只有更努力 / 112

你在漫不经心，而别人志在必得 / 119

最怕一生平庸无为，还安慰自己平淡可贵 / 127

付出可以不求回报，但必须值得 / 136

在必须奋斗的年纪，不要选择安逸 / 145

好朋友要相互支持欣赏，而不是相互利用 / 154

饭要一口口吃，事要一点点做 / 163

第三辑　做人就要做精英，没人生来是屌丝

被同一件事情绊倒三次，不是善良是傻 / 172

你可以不信天道酬勤，但天上绝对不会掉馅饼 / 179

别拿心直口快当真诚，那只能说明你情商太低 / 187

请一定记得你是女人，为自己漂亮地活着 / 194

自己没有埋头奋进，就不要怨天尤人 / 201

做人就要做精英，没人生来是屌丝 / 209

你从未真正拼过，只是在敷衍自己 / 217

你曾经吃的苦，都会成为你将来的福 / 225

别让等明天，成为自我催眠的麻醉剂 / 231

只有学会拒绝，才能活得不纠结 / 238

第一辑

别　拿
伪情怀
当拐杖,

那只是稻草

⊙取悦别人，远不如充实自己

1

2013 年的秋天，我在 JR 集团做行政主管，办公室分来两个实习生，最终两人之间只能择优录取一个。

其中一个叫晓丽的女孩子，长得白净清丽，而且很会来事儿。每天早晨总是挂着甜甜的笑容向每个人问好；办公室谁的水杯空了，她便会过去添水；中午谁没去吃午饭，她总会帮着带回来；谁有个头痛脑热的，她更是嘘寒问暖地帮着买药。

刚开始，大家总会诚惶诚恐地感谢和客气：这样太麻烦你了，不好意思啊！

而后逐渐换成了诸如此类的赞誉：亲爱的，有你真好！你真是大家的甜心！

晓丽每次听到这些话，心里感觉比吃了蜜还甜，她觉得自己的付出得到了大家的认可。因此对于帮助大家这件事，她好像总有用不完的热情，每天像一只花蝴蝶一样来回穿梭在办公室各个岗位之间。

慢慢地，大家对晓丽这种付出便习以为常了，不管是谁，只要有需要跑腿的事情便会找她，晓丽也因此与办公室里的同事打成了一片。只是交代给晓丽的工作，她却总做得马马虎虎；遇到做错的事情，也总是一副撒娇的表情。大家碍于总让她帮忙，所以也不太好意思说她。

晓丽却在心中窃喜，从此为大家服务得更热情了。时间一长，在办公室里晓丽能做的，也就是跑跑腿儿的事了。

而另外一个叫素梅的女孩子，与活泼热情的晓丽相比，就显得沉静朴实了许多。

她没有晓丽长得漂亮，也从没刻意去给大家倒水，不过，要是谁有什么事情需要帮助，她也能尽力去帮助。她在同事们面前一直保持着不卑不亢的态度，平时在办公室里总是安静少言。

不过，交代给她的工作，她总是会一丝不苟地完成。遇到有不懂的地方，也总是虚心向大家请教，直到自己弄懂为止，所以，她的工作能力提升得很快。

慢慢地，大家发现，素梅虽然不太擅长人际交往，也不太热情活泼，但是工作能力却越来越强了。交给她的工作，她总能高效完成，并且很少出错。于是一些重要的工作大家也都愿意交给她去做。

到了年底，大家都把留下来的票投给了工作能力强的素梅，而平时看起来人缘特别好的晓丽却出局了。

晓丽怎么也想不明白，她平时对大家多好啊，为什么到最后没人领她的情呢？可是，现在说这些都没用了，她只能收拾了自己的东西，带着气愤和疑惑离开了。

有个好心的同事实在不忍心，追出去拍着晓丽的肩膀说："傻丫头，以后到了新的公司，记得要努力干好自己的本职工作，而不要总去做一些与工作无关的事情去讨好别人。那样就算你做得再多，也没有人会认可你。"

听了这话，晓丽如梦初醒。

她的确为大家做了很多事情，但是公司需要的是一个会做事、能做事的人，而不是整天只知道讨好别人，却把本职工作搞得一塌糊涂的人。

2

在一次行业的交流酒会上，一直忙于事业而无暇顾及个人感情问题的本行业龙头企业 CEO 萧俊，同时邂逅了妖妖和秦心两个不错的女孩子。

妖妖妩媚多姿，而秦心淡雅怡人，两个女孩子都各有特点，表面上看妖妖似乎更出色一些。萧俊一时之间有点拿不定主意到底和哪一个交往，思索再三，他决定先以普通朋友的身份跟她们相处试试。

萧俊不仅事业有成，而且长得一表人才，面对这样一个潇洒倜傥的单身贵族，哪个女孩子能不动心呢？不过，虽然妖妖和素心都没有放过这样一个接触白马王子的好机会，但她们对待萧俊的态度却截然不同。

妖妖自从认识了萧俊以后，俨然把萧俊当成了她生活的重心。对待工作她开始心不在焉，有时候为了赴萧俊的约会，会找各种理由请假。每天她都会花大把的时间来打扮自己，为了买漂亮衣服每个月都变成"月光族"，只为了博得萧俊停留在她身上的眼神。用妖妖自己的话说，她现在的目标就是搞定萧俊，只要萧俊需要，她就会随时以最完美的姿态出现。

妖妖对于萧俊，完全是一种讨好的态度。只要是萧俊不喜欢的东西，就算妖妖再喜欢，也会装出一副不喜欢的样子。萧俊不吃辣，作为一个原本嗜辣如命的川妹子，便说自己也从不吃辣椒。萧俊说他喜欢书法，原本连毛笔都没摸过的妖妖，便说自己在上学时就开始练字帖了。

而秦心则不同，虽然她也喜欢萧俊，但却没为他改变过什么，每天按时上自己的班，做自己喜欢的事。

对于萧俊的邀约，秦心也总是遵从本心，有时间了，愿意见面便会去赴约，如果没时间，从不会为了约会而请假，更不会为了打扮自己而去买一些跟自己的收入不相符的衣服。而对于自己不喜欢的东西，她在萧俊面前也从不假装，会坦率直言。业余时间，秦心会培养一些兴趣爱好，比如养养花，学学茶道，而她与萧俊之间的话题也越来越多。

为了刻意讨好而假装的事情，向来无法隐藏太久。有一次，萧俊和客户去一家川菜馆吃饭，无意间发现妖妖和一个姐妹正在对着一锅麻辣香锅大快朵颐；之后的一次，萧俊又在无意中发现妖妖的字写得很丑。相处半年多之后，萧俊发现，妖妖除了长得漂亮一点之外，不仅有些虚伪，而且在其他的方面也没什么可取之处。

而相对于刻意讨好他的妖妖来说，秦心不止真诚，而且很有内涵。

最后，自然是秦心最终成了萧俊的女朋友。当妖妖知道了萧俊的选择后，忍不住问萧俊："我到底哪一点比不上她？"

萧俊微笑着说："至少，她比你真实。她做的每一件事情，都是发自内心，而不是虚伪的迎合。"

妖妖红着脸狡辩着："我只是不想失去你！"

萧俊一脸冷漠地转过身："一个连自己都能丢了的人，又有什么是不能丢弃的呢？"

3

很多时候，刻意地取悦别人，并不一定能够得到想要的结果，反而会给自己招来很大的麻烦，甚至让自己陷入危险之中。因为你在讨好别人的时候，必然会把自尊和人格暂时抛弃，这样只会让人看不起你。

你为别人做过的所有事情，都会成为别人审判你和评价你的标准。

相信大家一定听过"费力不讨好"这句话。相传有这样一个故事：

明朝初建时期，刘伯温帮朱元璋打天下，一路高歌猛进，攻城略地，最后来到了金山寨前。

金山寨的寨王吴成七，武艺高强，一心想招兵买马打遍天下。他生得铜皮铁骨，刀枪不入，只有喉头三寸是软肋。听闻他每天一早起来，便腋下夹两个簸箕，腾空一飞，到平阳水头街买回鲜鱼做早餐。他还有一个特别的习惯，那就是睡觉时睁着眼睛。

面对金山寨，刘伯温几番明攻都未得胜，便派出好多路英雄对吴成七进行暗杀，却也均未得手。思来想去，刘伯温贴出榜文：若能杀死吴成七，有官加官，无官平地封官。榜文一出，消息很快传到吴成七的外甥耳朵里。这外甥便想：我天天给舅爹送饭，只有我近得了他身，杀掉舅爹讨好了刘伯温，我便能升官发财了，自然不必在这里听人差遣了。于是，他打定了主意，要杀掉吴成七。

这一日，他送饭到吴成七住的豺狗洞，趁吴成七不注意，一抽宝剑，刺入吴成七的喉头，割下了吴成七的人头。随后，他带着吴成七的人头来到刘伯温的兵营里报功。刘伯温见他文不文、武不武的，不相信他能杀掉天下无敌的寨王。在刘伯温的再三逼问下，他只好把杀吴成七的经过如实讲了出来。

刘伯温一听，面色铁青："你这个灭绝天伦的孽种，为了升官发财，竟然连亲舅爹都能杀！我若封你做官，日后你为了其他的利益，岂不是也能来杀我？恐怕皇帝的头也会落到你的手里呢！"说完，刘伯温马上叫来兵士，把他拉出去斩首了。

这件事一传开，大家都说："外甥杀舅爹，一心投刘基。费力不讨好，头身分东西。"后来，其他几句话被人们渐渐遗忘了，只剩下"费力不讨好"这一句被当作口头禅而流传了下来。

由此可见，没有原则地讨好别人，为了一点蝇头小利便刻意去巴结迎合别人，大多会因为失去人格而遭人唾弃和不齿，更有甚者，便会如吴成七的外甥一样为自己的行为付出血的代价。

当然，在现代法治社会，一个只会取悦别人的人，失去更多的将是升迁和做事的机会。

4

85岁的屠呦呦发表诺贝尔奖获奖感言时说："不要去追一匹马，用追马的时间种草，待到春暖花开时，就会有一批骏马任你挑选；不要去刻意巴结一个人，用暂时没有朋友的时间，去提升自己的能力，待到时机成熟时，就会有一批朋友与你同行。用人情做出来的朋友只是暂时的，用人格吸引来的朋友才是永久的。所以，丰富自己比取悦他人更有力量。"

　　的确，用人情做出来的朋友只是暂时的。或许，因为你的取悦，别人会因为感激而一时迁就于你，但那绝对不是完全的认可。

　　也许你会为这样做带来了你想要的利益而窃喜，但是时间一长，你的取悦行为终会被别人看穿，等待你的必然是大家的远离。

　　因此，靠取悦换来的任何东西，必然不会长久。相反，只有我们不断地成长和完善自己，得来的东西才真正属于自己，才不会背离我们而去。

　　"你若盛开，清风自来"，不论是爱情、友情还是事业，都一样需要你具备自身的光彩，只要自身有了能力，很多的美好就会向你靠近。

　　所以，这世间根本没有人值得你去刻意讨好和取悦。卑躬屈膝，巴结迎合，表面上看你是走了捷径，其实换来更多的是尊严的丧失，是对自我价值和做事能力的否定。就算侥幸得到了你想要的，也只是一时的，无法撑起你的整个人生。

　　存活于天地之间，作为一个两脚踏地的人，我们必须顶天立地。

　　积极努力地去丰富和完善自己，才是你的立身之本，才能赢得更多的精彩！

　　所以任何时候，请一定记得：取悦别人，不如充实自己！

▶ 你都不曾上路，怎知前方一定有艰难险阻

1

　　随着微信等网络即时通讯平台的普及，许多失散多年的同学纷纷相互建立了联系，随之而来的便是各种同学聚会。大学的同学聚过之后，转眼又是中学同学聚会，几十年未见的小学同学自然也不甘落后。

　　在肖薇的二十年初中同学会上，最让大家感慨的，不是某某同学的事业有成，也不是某某同学的婚姻幸福，而是当初班里最不起眼的温玉同学，在初中就辍学之后，如今竟然以文化名人的身份出现在大家面前。

　　看着眼前气质非凡、学识渊博的温玉，很多同学都不太敢相信，这还是当年那个"丑小鸭"吗？变化真的是太大了。

　　当年，温玉在班级里的成绩还是不错的，但由于家庭原因，初中毕业后，她没能继续求学，而是早早地步入了社会。这样一个连高中都没读过的人，怎么会取得如此大的成就呢？这种带有传奇色彩的励

志故事，自然会引发大家的好奇和关注。

中午吃过饭之后，同学们相约在一家茶社继续叙旧。温玉应大家的强烈要求，给大家讲述了自己这些年的经历。

当初辍学之后，温玉看着同学们都上了高中，便开始焦虑。用温玉自己的话说，她怎么也没办法接受自己不能够继续上学，但现实如此，她却不得不接受，只能一次次在痛苦中煎熬、徘徊着。

经过多方打听，温玉听人说即使不能像别人那样通过上高中而考大学，却可以参加自学考试，而且这种教育背景也是被社会广泛认可的。

得知这个消息后，温玉激动得一夜没睡。第二天，她去一个做教育管理的亲戚那里咨询。

结果那个亲戚却给她泼了一盆冷水："你还是算了吧！自学考试特别难，很多高中毕业的人都考不上，你只是个初中毕业生，就别自找苦吃了！"

听到亲戚这么说，温玉尽管有些不甘心，也只好暂时放弃了这个念头。

一转眼三年过去了，当年的同学都已经高中毕业，其中有很多人都考上了不错的大学。温玉看着老房子里自己一路从小学到初中的二十多张奖状，既为自己的同学们感到高兴，也为自己感到忧伤。

经过再三思索，她决定试试！

自己都没有尝试过，怎么能仅听别人说就放弃呢？就这样，温玉拿出三年打工的积蓄，报了一所院校的自学考试。潜心在学校学习了一年，她顺利地过了八门专业课。

这件事情带给温玉最深的体会便是：原来，有些事情并不像别人所说的那样难。而后，温玉边打工边学习，一鼓作气拿到了大专文凭、本科文凭。

最后，温玉无限感慨地告诉大家：每个人站的角度不同，付出的努力不一样，看问题自然也不尽相同。不管遇到什么事情，一定要亲自去尝试，只有这样才能知道事情的真相。如果总是一味地相信别人，永远也到不了自己想去的地方。

你都不曾上路，又怎么知道前方一定有艰难险阻呢？

2

大学一年级的时候，张杰就喜欢上了同班的白冰，却一直不敢表白。

白冰不仅人长得漂亮，而且各方面的条件都很优秀，班上喜欢她的男生有很多。不过，那些给白冰写过情书的男生没人得到过回复，有些大胆当面表白的，也被白冰一律视为空气。因此男生在背地里给白冰起了一个外号，叫她"冰美人"。

跟那些追求白冰的男生相比，张杰除了弹得一手好吉他之外，再没有什么别的优势了。所以，看到大家都碰了一鼻子灰，张杰自然也不敢贸然表白了。

可是他对白冰的喜欢却丝毫没有减少，反而越来越深。这一点，他的死党肖肖非常清楚，张杰那整整一本子的歌，都是写给白冰的。周末的时候，张杰常常和肖肖坐在校园里的草坪上，一边忧伤地弹着吉他，一边喝着啤酒，有时候喝醉了，还会伤心地流眼泪。

看到好哥们儿这么消沉，肖肖实在看不下去了，便一次又一次怂恿张杰去表白。

可张杰总是说："那么多优秀的男生都表白过，她都没正眼看过，还是算了吧！"

肖肖恨铁不成钢，笑骂他太怂。

可是张杰已经认定了白冰不会喜欢他，所以便一直压抑着自己的感情，从未去表白。

转眼到了大四，张杰写给白冰的歌已经整整三本了。临毕业前，肖肖觉得如果张杰再不表白，就真的永远失去机会了。于是他再次怂恿张杰去表白，希望他不要留下遗憾。可是张杰却始终没有勇气。

在张杰又一次醉酒哭喊着白冰的名字的时候，肖肖实在看不下去了，便偷偷拿了张杰的作曲本，然后交给了白冰："看看吧！你把我兄弟折磨成什么样了？这三大本子的歌，都是给你写的。从大一的时候他就喜欢上了你，可是看到你对班上男生冷漠的态度，他一直不敢

　　向你表白。马上要毕业了，毕业以后我们就会永远天各一方，我不想让我的兄弟留下一辈子的遗憾，即使你不答应，也好歹给个准话，让他彻底死了这条心！"

　　让肖肖没想到的是，听了他的话，白冰先是一愣，然后便抱着那三个本子呜呜地哭了起来。

　　肖肖被她哭得莫名其妙，不知道该说什么了。

　　转眼白冰擦干了眼泪，笑着对张杰说："你兄弟真是一个懦夫，这三个笔记本我先留下。如果他心中真有我，叫他自己来找我。"

　　原来，从大一开始白冰就喜欢上了张杰，可是张杰却一直不来表白，她自然对其他人冷若冰霜。

　　后来，白冰不仅成了张杰的女朋友，最后还成了张杰的妻子。

　　在张杰和白冰的婚礼上，肖肖这个头号大媒人自然受到了最高待遇。

　　在婚礼上，张杰当着几百人的面，深深地给肖肖鞠了一躬，然后诚挚地说："非常感谢你，我的好兄弟。如果不是你，我和白冰永远也走不到一起。"然后他又对大家说："通过这件事情，让我明白了一个道理，那就是：无论在工作还是生活当中遇到任何困难，我们都不要在没有尝试之前就先放弃。"

3

小马过河的故事，相信大家一定都耳熟能详：

有一匹小马，从出生以后，一直寸步不离地跟在妈妈身边，哪也没去过。妈妈的无限呵护，让小马过得非常快乐。

随着小马一天天地长大，马妈妈想："我总不能一辈子守护着小马吧！我也会老啊，我要老了，小马可怎么办呢？"

于是马妈妈决定锻炼锻炼小马。在又一次接到运送麦子到河对岸的工作时，马妈妈便把小马叫到了跟前："好孩子，你已经长大了，可以帮妈妈做点事情了，现在你就把这袋麦子送到河对岸去吧！"

小马一听能帮妈妈做事情了，自然非常高兴。他驮着口袋飞快地来到了小河边。河水淙淙地流着，河面上也没有桥，只能自己蹚过去了。可是小马不知道河水的深浅，于是便站在河边犹豫不决。

这时，正在河岸边吃草的大黄牛伯伯看到了在河边发呆的小马，便好心地对小马说："孩子，你放心地过去吧！河水一点也不深，才到我的小腿呢。"

小马听了黄牛伯伯的话，高兴地抬起了前蹄，准备蹚过河去。正在这时，忽然听见一个声音大声地喊着："小马，小马，你千万别下去，这河可深啦！你会被淹死的，前几天我的一个同伴不小心掉进了这条河里，一下子就被河水卷走了。"

小马听得心里一惊，连忙收回了前蹄，低头看时，说话的原来是一只小松鼠。

小马顿时又没了主意，到底应该听谁的话呢？

左思右想之后，小马也没想出答案，于是决定回去找妈妈。马妈妈远远地看着小马驮着口袋又回来了，便猜想小马肯定遇到了难题。

小马走到妈妈跟前，哭着向妈妈说了事情的经过。

马妈妈一听，便笑了！她一边安慰着小马，一边带着小马再次来到了小河边。

马妈妈鼓励着小马说："好孩子，什么事情都需要自己去试一试，妈妈就在这里，你自己下河去试一下，自然知道谁的话是对的。"

小马有了马妈妈的陪伴，勇敢了许多，便小心地试探着，一步一步地蹚过了河。到达河对岸的小马终于明白了：原来河水既没有牛伯伯说的那么浅，也没有小松鼠说的那么深。很多的事情，只有自己亲自试过了，才能知道其中的深浅，而不应该一开始就被自己的设想吓倒。

4

俗话说："困难像弹簧，你弱它就强。"一旦我们在心理上把困难无限放大之后，便会失去挑战的勇气，结果自然会被困难打倒。

我在一本小说里看到一个非常著名的心理实验：

　　两个死刑犯分别被蒙上了眼睛，绑住了手。然后有人拿竹片同时在他们的手腕上用力地划了一下，旁边适时响起了水滴的声音，然后他们被大声告之："你们已经被割断了血管，听到滴答声了吧？血液流干之后你们就会死！"而这时候，其中一个犯人被悄悄告知，这一切都是假的，他们的手腕并没有被割破，滴答声只是水滴的声音。同时他被告之，不能把这件事告诉另外一个犯人，否则便会杀了他。

　　第二天，那个知道真相的犯人没有任何异样，而那个不明真相的犯人却已经死了。死因是心里过度恐惧，自己把自己吓死了！

　　由此可见，很多时候，我们的自我心理暗示，不仅会阻碍我们向前迈步，还有可能带来非常严重的后果。

　　一生当中，任何人都难免会遇到各种各样的困难。有许多人面对困难，在没有身体力行实践之前，总是喜欢把困难无限地放大，结果还没尝试就自动败下阵来。所以，更多时候，我们不是被困难打倒的，而是被自己吓倒的。

　　其实，当你真正行动起来之后，就会知道很多事情并没有想象的那么难！

　　不管是友情、爱情，还是事业，都需要我们去付出努力。努力过了，即使没能成功，也不会有遗憾。

　　不要做思想上的巨人，却成为行动上的矮子。我相信每个人心中都有一个梦想，自己不去实现，没人会替你去圆梦。每个人的心中都有一片海，自己不扬帆，没人帮你起航。

　　所以，无论何时何地，行动最重要。只有勇敢地迈开步伐，勇敢地走在路上，才会有意想不到的收获。如果你都不曾上路，又怎知前方一定有艰难险阻呢？

⊙ 退一步也许会海阔天空，但更可能是万丈深渊

1

一直以来，我们受的教育大抵是这样的：忍一时风平浪静，退一步海阔天空。对这一处世哲理最有力的论证，便是"仁义胡同"的故事。

相传古时某人在朝为官，一天突然接到一封家书。拆开一看，原来是家人与邻居发生争执之后请他来裁决。

事情的起因是隔开两家院子的墙塌了，重砌新墙时两家人都想多占一点地皮，结果发展到寸土不让的地步。家人首先想到了在朝为官的他，想以他的官声来逼迫邻居让步。

那人看完家信后，立刻回了一封。不久后，家人收到了盼望已久的回信，本以为可以借此让邻居让步，结果拆开信之后却发现，里面只有一首打油诗：

千里捎书只为墙，让他三尺又何妨。

万里长城今犹在，不见当年秦始皇。

家人羞愧地收起了书信，主动往后让了三尺。

邻居看到对方退让了，起先还在窃喜。后来经过打听知道了事情的原委，心想对方官威在身却能如此豁达而不欺压百姓，自家也绝不能小气，于是也往后让了三尺。

两家各退三尺，于是中间便出现了一条六尺宽的故同，给村民们带来了很大的方便。

村人有感于两家的美德，后来便将这条胡同命名为"仁义胡同"。而后这个故事也作为胸襟开阔的典范而被后世久久传颂。

2

为人处世时，多一些忍让确实可以化解很多矛盾，收获很多美名。但是，有些时候，面对一些不合理的情况，我们也不能一味忍让。退得太多就变成软弱和没有担当的代名词，会被人无限欺凌，甚至会被践踏尊严。

诺诺和秦刚是一见钟情。

秦刚不但长得高大帅气，而且极其细心体贴，在处事时又表现得大度睿智，诺诺觉得能认识秦刚一定是上天对自己的眷顾。

都说恋爱中的两个人，必然一个是聋子，而另外一个是瞎子。刚开始恋爱的时候，秦刚和诺诺自然是你侬我侬，生活充满柔情蜜意。二人沉浸在幸福当中时，往往会看到不对方身上的缺点，加之并不是每天都在一起生活，所以有些缺点也很容易隐藏。

经过半年的恋爱，秦刚向诺诺求婚了，诺诺觉得自己简直就是世界上最幸福的人。在她的想象中，她觉得和秦刚的婚后生活一定是非常幸福的，所以她毫没犹豫便答应了。

然而婚后生活在一起之后诺诺却突然发现，秦刚好像变了一个人。

原来，秦刚的大度和睿智，都是装出来的。他在说别人的时候，理论一套一套的，轮到自己做事情的时候，却极度自私。不止这些，他还特别的自我，什么事情都要诺诺必须以他为中心，所以，生活中的有些事情，不管对错，都要诺诺必须要听他的，否则便会大发脾气。每次因为一些小事吵架时，他也总是不赢绝不罢休。

就这样，两个人经常吵架，每次吵完架，诺诺都会回娘家诉苦。母亲总是劝她，婚姻又不是儿戏，人是当初你自己选的，能忍就忍忍吧！

诺诺当然也不想离婚，只好继续忍下去，她心里想，或许自己的忍让会让秦刚有所改变。可是诺诺失望了，她发现，随着自己的忍让，她和秦刚的关系不但并没得到改善，反而变得越来越糟糕，秦刚甚至开始限制诺诺的自由。

比如说，诺诺白天上班，即使是领导正在讲话，诺诺也必须接听秦刚的电话，否则回家之后就必须没完没了地解释。如果诺诺保持沉默，秦刚便会挖苦讽刺说："怎么着？理亏了吧？你没话说了？"接下来便是更厉害的争吵。

到后来，事情演变成诺诺需要每个月把通话记录打印出来交给秦刚。秦刚会一个一个查看她的通话记录，而诺诺则必须一个一个解释。让诺诺无法忍受的不仅仅是这些，秦刚还给她的手机装了一个定位软件，如果诺诺出门，回来所说的位置跟定位有一点偏差，秦刚就会不依不饶地让诺诺解释。

诺诺担心自己被朋友们嘲笑，所以不敢把这些事情跟别人说。唯一能听她诉苦的只有母亲了，可是母亲每次都劝她忍让。就这样压抑了一年，原本开朗活泼的诺诺，渐渐变得不苟言笑，情绪也越来越悲观。

一次诺诺的父亲去看望女儿，发现了她的异常，带她到医院一检查，才发现她已经患上了忧郁症。直到此时，诺诺的母亲才意识到事态的严重了，抱着诺诺失声地痛哭起来，而且非常自责。诺诺的病幸亏发现及时，否则后果真是不堪设想。

后来，诺诺在父母的支持下跟秦刚离婚了。经过一段时间的调整，诺诺的忧郁症得到了很大程度的缓解，人也渐渐重新变得开朗起来，对生活也重新鼓起了勇气。

很多问题并不是一味地退让就能够解决，面对一些蛮不讲理的人，你的退让和忍让，只会变成对方压榨你、控制你的理由。

3

小夕大学毕业后不久就找到了一份工作。在去单位报到的前一天，母亲叮咛她，到了单位一定要跟新同事搞好关系，千万不要斤斤计较，凡事能忍就忍，要趁着年轻，多做点事，多积累点经验。

小夕把母亲的话记在了心里。

开始工作之后，小夕在做好本职工作之余，还充当了同事们的小帮手，谁有什么事情要办她都会主动揽过来帮助。所以办公室里经常会听到"小夕，过来""小夕，快点"的声音。

刚开始大家找她帮助的都是一些工作上的事情，小夕虽然有点累，但基本上还是能应付得来的。但时间一长，有些同事连私事儿也开始让她跑腿儿，比如说取个快递，冲杯咖啡，买份午餐，等等。

有时候，帮同事做这些私事，会影响小夕正常工作的完成，她也有点苦恼，但想起母亲的话，她只好继续忍耐和坚持，谁让自己是个职场新人呢？

好不容易熬到单位来了一个新同事，小夕暗自窃喜，自己终于不是新人了！以后身上这些鸡零狗碎的担子终于可以卸下来了！

然而事情却并没有朝小夕预想的方向发展，因为新来的小敏并不像小夕那么好说话。

有一次，老员工张姐让小敏去给自己冲一杯咖啡。小敏虽然表面上微笑答应着，嘴里也说着等忙完手里的一点工作就马上去给她冲。可是一直到下班，张姐的咖啡杯还是空的。

张姐被扫了面子自然有些不高兴，但又不好明面发作。办公室里的其他人都一副要看好戏的模样。下班铃响过之后，小敏却丝毫都不含糊："张姐，真是抱歉啊！您看我一直忙着工作，所以就忘了给您冲咖啡的事儿，要不现在我给您冲去吧。"

说着拿着张姐的咖啡杯飞快地去了茶水间。小敏说这话时，经理刚好站在她身后。听了这话，经理有些生气地看了一眼张姐。从那之后，张姐再也没有让小敏跑过腿儿。办公室里的其他人都看出小敏不简单，所以在工作上也都非常配合她。

而小夕在办公室的处境却每况愈下，直到小敏都开始支使她的时候，她才意识到原来是自己的一直退让，才造成了大家对自己得寸进尺的态度。

经过一夜的反思，小夕终于想明白了：一直的退让，并不能换来大家对自己的尊重，反而是有原则的小敏更能让人刮目相看。

第二天，小夕等办公室人都到齐了，郑重地跟大家宣布："从今以后，麻烦各位自己的私事自己做，自己分内的工作自己做，从现在起我只做自己分内的工作。"

虽然大家有短暂的错愕，但也慢慢就接受了这一事实。少了诸多琐碎事情的纷扰，小夕的工作越来越出色了。

4

一位哲人曾这样说过："一个人的价值和力量，并不是体现在他的财产、地位或外在关系上，而是体现在他本身，体现在他自己的品格中。"因此，以宽容之心做人做事，是一个人修养品质的体现，这无疑是一个人身上非常优秀的品质。

但是这种修养和品质必须要表现在正义和向善的地方，而不是在所有的事情面前都毫无原则地妥协和退让。

面对于那些不怀好意，甚至是恶意欺辱而使人丧失尊严的事情和做法，我们一定要坚持自己的原则，绝不能退让。如果总是抱着"忍一时风平浪静，退一步海阔天空"的想法，就无异于愚昧无知了。

在面对自己的人生理想时，我们更不能采取退让的态度。因为世界上没有与生俱来的成功，很多人的成功和辉煌，都是自我逼迫和不断进取的结果。你所看到的别人的华丽光环，必定是因为他（她）在你看不见的地方一次次历经了千万险阻，一次次走过了千山万水，一次次不断向前拼搏的结果，而不是一步步地选择安逸和退让的结果。

所以理想的实现、事业的成功，都离不开"进取"二字。如果遇到一点困难就跟自己妥协，跟事情妥协，到头来只能碌碌无为地过完这一生。因为退一步，你便垮掉一点，直至最终跌入谷底。

▶ 别看他怎么说，做到了才是王道

1

绿野仙踪的咖啡厅里，珂儿哭得像个泪人："晓晴姐，你说小灿怎么可以这样？他上周还说非常想我，要来看我，可是昨天我给他电话，他却要么不接，要么挂断，给他留言也不回。我们又没有吵架，你说他是不是不想要我了？"

我叹了口气，一张张地给珂儿抽着纸巾："傻丫头，别胡思乱想了！也许他只是有事呢！你们不还处在热恋期吗？"

珂儿听了我的劝慰之后，情绪顿时好了许多。

珂儿是我在一次旅游途中遇到的一个女孩，活泼可爱，单纯又善良。我和她一见如故，因为同在一个城市，很快便成了朋友，我长她两岁，所以她有事总喜欢来找我。

小灿是珂儿在一个月之前通过网络结交的男朋友，他身上有珂儿喜欢的文艺气息，珂儿对他一见钟情。小灿也很喜欢珂儿，于是向她表白，两个人便谈起了恋爱。

本来我不看好这段感情，可珂儿说："难得碰到我喜欢他，他也也喜欢我的人。不试试，怎么知道不行呢？"

隔天珂儿给我电话兴高采烈地告诉我：小灿不接电话、不回信息的原因是他心情不好，需要自己静一静，他并保证以后再也不会了。小灿还跟她说了很多甜言蜜语，比如非她不娶，要一辈子和她在一起之类的话。

我听了便笑珂儿："你们小两口的情话，还是留着你自己慢慢回味吧！"

然而事情却并非这么简单，没过几天，珂儿又约我在绿野仙踪见面。原因不外乎小灿又失联了，仍然是不接电话不回信息。

我仍然安慰着珂儿，心里隐隐觉得小灿不靠谱，但看到珂儿不停地诉说着小灿对她所说的那些甜言蜜语时幸福而沉醉的表情，到了嘴边的话又咽了回去。

也许是我想多了吧。

几天之后，小灿又出现了，说他失联的这几天是因为工作压力太大，需要自己静心思考，珂儿自然原谅了他，他们又和好了。

直到珂儿第三次哭着找我的时候，我觉得我不能再忍了。

我递给珂儿一张纸巾，冷静地对珂儿说："傻丫头，别再哭了！为了小灿根本不值得，他心里根本没有你，你们分手吧！"

珂儿一脸错愕地看着我。

我问珂儿："他对你说过的话虽然甜蜜，可是他做到了吗？爱一个人，是要用行动表现出来的，他除了在电话里哄哄你，有过什么实际行动吗？还有他每次都向你保证，以后再也不会失败了，可是他做到了吗？"

珂儿还想为小灿分辩。

我默默地摇了摇头："如果不信，你可以继续跟他交往，不过我保证他一定还会像原来一样说话不算数。"

后来的结果果然如我所料。

小灿所有的话，都是空头支票，说过的话就像刮过的风一样。最终两个人分手了。

珂儿后来遇到了阿俊，虽然阿俊不太会说甜言蜜语，但是对珂儿说过的话，他都一一在现实中兑现了。直到这时，珂儿才明白，这才是真正的爱情。

女生在爱情里总是喜欢听甜言蜜语，一听到这些就会心软，就会感动，可是结果却往往会让自己受到伤害。

2

在我国古代，春秋五霸之首的齐桓公就是一个言出必行的人。

相传当时齐国欲称霸中原。在连年的对抗中，鲁国屡败于齐国，不得不向齐国称臣。

周釐王元年（公元前681年），齐桓公在管仲辅佐之下，将齐国治理得国富兵强。为了借助周王的名义争霸天下，齐桓公接受管仲的建议，提出"尊王攘夷"的口号，表示要尊奉周天子，抵御少数民族对中原地区的攻掠，并马上派使臣向周釐王朝贺。周釐王见齐国如此恭敬，十分高兴，立即召集诸侯承认齐桓公的霸主地位，将国事委托给齐桓公处理。齐桓公便准备在齐国的北杏（今山东省东阿县北）大会诸侯。

面对齐桓公的召见，鲁庄公不得不往。临行前问他自己的大臣们说："谁愿意和我一同前去？"

将军曹沫出列请求前往。

鲁庄公又说："你三次都败给了齐军，此次前去，不怕齐国人笑话你吗？"

曹沫回答说："我此次去，一定会一雪前耻。"

鲁庄公问："如何雪耻？"

曹沫说："君当其君，臣当其臣。"

鲁庄公听后十分欣慰，无限感慨地说："寡人越境求盟，就犹如又被战败了一次。若能雪耻，我一切都听你的！"

于是，曹沫便和鲁庄公同行。

这次会盟隆重庄严，盟坛高筑，两边大旗招展，甲士手握兵器，排排整齐威武。齐桓公和管仲坐在坛上，现场场面紧张压抑。

　　会盟规定，只许国君一人登坛，其余随员在坛下等候。

　　当鲁庄公来到会场，将要升阶入坛时，曹沫戴盔披甲，手提短剑紧跟鲁庄公身后。

　　有会盟傧相上来阻拦，告诉曹沫只能在坛下等候。曹沫瞪大眼睛怒目而视，吓得傧相后退几步，鲁庄公与曹沫就顺阶入坛了。

　　鲁庄公与齐桓公经过谈判达成一致后，正准备歃血为盟时，曹沫突然冲了上来，拔剑而起，左手抓住齐桓公的衣袖，右手持短剑直逼齐桓公。

　　齐桓公顿时被吓得目瞪口呆，管仲忙插进齐桓公与曹沫中间，用身体保护住齐桓公，怒问曹沫："在如此结盟的好日子，将军要干什么？"

　　曹沫正色道："齐国强盛而鲁国弱小，你国屡次侵略鲁国，欺人太甚。现在鲁国城破墙毁，很多民众流离失所，请考虑怎么办。"

　　齐桓公见形势不妙，急忙说："大夫切莫动怒，你说怎样就怎样！"

　　曹沫说："我要求归还被侵略的城池！"

　　齐桓公连忙答应："寡人马上与你立誓。"

　　随后便向天指日发誓，决不反悔，也不追究曹沫劫盟之罪。

　　曹沫收剑，微笑自如，结盟和约顺利签订。

　　会盟结束，鲁国君臣胜利回国。齐国许多大臣愤愤不平，纷纷要齐桓公毁约。

齐桓公说:"寡人既已许诺,必定要说到做到。市井乡野小民尚能守信,何况寡人这一国之君呢?如果我今天失信于曹沫,那么今后天下人谁还会信我呢?"

臣子纷纷赞齐桓公的诚信,所谓君子一诺,快马一鞭。

3

这是发生在我朋友娜娜身上一个真实的故事。

有一天我和娜娜逛街,她看到一款很喜欢的鞋子。尽管鞋子很贵,可是从来都不会亏待自己的娜娜二话没说就买了。

买过之后,还没有男朋友的娜娜准备试试追她的几个男孩,看看哪个对她更用心。一向鬼点子颇多的她灵机一动,把鞋子的照片拍了发在朋友圈里,并配上这样一段文字:"这双鞋真的很漂亮,我也特别喜欢,就是有点小贵。"最后还加上了一个难过的表情。

我觉得娜娜这么做有点幼稚,可她却瞪着一双圆圆的大眼睛说:"你别不信,等着看结果吧。"

不一会儿,甲男生发来消息说:"这双鞋很配你,穿上它你会更漂亮!"

娜娜看了,心里美滋滋的。

夸赞的漂亮话,谁不喜欢听呢?很多人听了美妙的赞誉,心里就像吃了蜜一样的甜,尤其是女孩子,自然更是受用。

又过了一会儿，乙男生发来消息说："真的不错哟！娜娜，你穿多大的码？需要我买给你吗？"

娜娜一看，连忙回复说："谢谢，不用了。"

这时候，她心里更美了，给乙男生加分不少。虽然尽管他同样什么也没做，可是至少他心里想着要这样做了啊！口头表达了也算有心，这是娜娜当初的想法。

只有丙男生久久没有动静，娜娜便在心里认定，看来丙对自己根本没有真心，打算再也不给他任何机会。

可是几天之后，戏剧性的一幕却发生了。

娜娜收到一个快递，是丙寄来的，打开一看，竟然就是她发到朋友圈中的那双鞋子。

娜娜一下子惊呆了。

心情平静了之后，她给丙男生打了一个电话："你连问都没问过我，怎么知道我的尺码？"

丙男生说："我以前无意中问过一次，估计你忘记了，而我一直记得。"

从那以后，娜娜终于懂得，说得好不如做得好。而在爱情里要判断一个人是否真心对你好，不能只看他对你承诺了什么，还要看他的承诺的是否都能够兑现，因为做远比说更能体现他对你的真诚。

有一种人，永远是说得比唱得好听。在他们眼里，说出的话就像风一样，刮过去就没了踪影。面对这样的人，身边的人也许会相信他一次两次，但绝对不会相信第三次。

就像狼来了的故事一样，如果你总是欺骗别人，那么即使有一天你真的遇到了困难，也不会再有人相信你、帮助你的。

4

你一定在电视剧里看到过这样的场景：

活动现场，高坐在主席台上的某集团少帅在侃侃而谈。他跟你谈人生，讲梦想，慷慨陈词，激情满怀。他的语言，必会引得大家一阵阵的喝彩，人人都喜欢听漂亮话。那一刻，他仿佛就是正义的化身，会获得无数人的尊敬。台上闪光灯会闪个不停，台下的观众也必定会跟他一起热血沸腾。

可是某一日，当媒体突然揭露他言行不一的行为时，大家才知道，原来他是一个说一套、做一套的伪君子，而之前那个光彩的高大形象，会在大家的心里轰然倒塌。

这时候，我们就会突然明白，原来一个人说什么其实并不重要，重要的是他是怎么做的。冠冕堂皇的话说得再多再好，如果不去用实际行动体现出来，只能成为假大空的代言人。

那些只会说漂亮话，而从来不办实事的人，必定会被自己身边的朋友所唾弃。

　　在你的身边有多少这样的人呢？你自己是不是一个言行一致的人呢？

　　现实生活中，很多人会很轻易地对别人做出承诺，觉得做不到的话对方又不会真的与自己计较，因为生活不是法庭，所以不需要负什么责任。但是，这却是一种对自己、对他人都很不不负责的做法。社会的诚信度，是需要集体去维护的。只有每一个人都客观地认识到自身的不足，努力地去做好自我，一些不良的现象才会慢慢得以改善。

　　其实说和做，原本是并不矛盾的；言行一致，说到就能做到，必然会赢得大家的尊重。人身体上的每个器官，都有特定的作用和意义。说是一种表达方式，能说会道固然是你的优点，但能把华美的语言努力变成现实的结果，那才是最完美的呈现，会为你的人生锦上添花。

　　很喜欢法院开庭时，或者审讯时的声明：从现在开始，你可以保持沉默，但你所说的一切都将成为呈堂证供。如果每个人在面对生活许诺他人时，都能像对待法律一般严谨，社会上的诚信度便会得到普遍的提升。

　　真正能够做到言出必行，是一个人道德良好的表现。

▶学会感恩，这世界没人有义务给你什么

1

有一句民间谚语说："滴水之恩，当涌泉相报。"更多的时候，感恩其实就是一种心态，别人在帮你的时候，并没有想过要你回报。但是作为受到别人恩惠的你，却必须要心存感激和敬畏。

下面我要讲一个在网上广为流传的故事：

有一年盛夏，一群年轻人结伴去漂流。一个漂亮女孩在玩水的时候，不小心将拖鞋掉进了河里。等到上岸的时候，已经到了中午，岸边的鹅卵石经过太阳的炙烤变得非常热，而从河边到他们住的地方却有很长的一段路。

女孩子的脚自然无法承受这样的高温，于是她便向同行的人寻求帮助。可是大家都只有一双拖鞋，如果把鞋给了她，就意味着自己要受苦，所以没人愿意把鞋借给她。

女孩子有些生气，觉得这些人都没有同情心，都是见死不救、自私冷漠的人。

最后，有一个特别善良的男孩把自己的拖鞋借给了她，然后自己

赤脚在晒得滚烫的鹅卵石上走了很久的路。

女孩子对他表示感谢，男孩说："你要记住，没有谁是必须要帮你的。帮你是出于交情，不帮你别人也并不欠你什么。"

女孩子听了这话，惭愧地低下了头，原来自己一直以来是这么自私。从此她记住了男孩的话，学会了对帮助自己的人心存感激，并在有能力以后给别人以更大的回报。

很多时候，我们总是希望得到别人的好，当别人起初对我们好时，我们还会心存感激，然而时间一久，便麻木到习以为常了。

所有的事情一旦成为习惯，我们便认为那是理所应当的。有一天如果对方不对我们好了，我们便觉得愤怒，好像曾经帮我们的人亏欠了我们一样。其实不是别人不好了，而是我们的要求变多了。这世间的很多情分，最怕的就是习惯成自然。

曾经读到这样一个故事：

A不喜欢吃鸡蛋，每次得了鸡蛋之后都给B吃。刚开始B很感谢，久而久之便习惯了。习惯了，便觉得理所当然了。直到有一天，A把鸡蛋给了C，B就不爽了。为此，她们大吵一架，从此绝交。

这时候的B显然已经忘记了这个鸡蛋本来就是A的，分配的主动权在A手里，A想给谁都可以。A不管是给B还是给C，都是她的人情，而不是义务。

2

　　一个不懂得感恩的人，只会把别人的给予当作理所当然，只知道一味索取，而不会给予别人什么。

　　有人说一个人最大的不幸，不是得不到别人的"恩"，而是得到了，却漠然视之。

　　最让人深恶痛绝的，便是那些啃老族。像吸血鬼一样附着在父母身上，完全无视父母的付出而只顾自己享乐。这样自私自利的人，不仅在生活中让人鄙视，即使在工作中也很难得到老板或者上级的信任。他们连自己的人生都负担不起，又有谁会放心去交给他们一些重要的事情呢？

　　前几日回家听母亲说了邻居家的事，让我十分震惊。

　　邻居阿水的爸爸前几年因肝癌去世了，他家的生活越来越困难。阿水还有两个弟弟，人说长兄如父，按说在这样的情况下，他作为家里的长子应该替母亲多分担一些，就算为此辍学也不为过。可是阿水的母亲却是一个非常要强的人，坚决不同意阿水辍学，一个人倔强地扛起了整个家庭的重担。

　　她给人搬砖、挑水泥、抬石头……因为家里还有孩子需要照顾，她又不能出远门，但是只要附近能有赚钱的事情，她一定会不辞辛苦地去做。

很多人都吃惊，这样一个看似柔弱的女人，哪里来的这么大的能量？

眼看着阿水本科就要毕业了，所有人见了消瘦得不成人形的阿水母亲都说："他大嫂，这回你算是熬出来了！眼看着阿水就毕业了，他找份工作就可以帮你扛起这个家了。"

阿水母亲听了大家的话，用手背心酸地揉揉眼睛，也微笑着感慨着："是啊！终于快要熬出头了！"

可是阿水的母亲却没能等来阿水找到工作的好消息，反而等来阿水坚持要考研的消息。阿水的理由是：如今的社会竞争过于激烈，仅靠本科学历根本不算什么，只有考上研究生才有希望找到好工作。

母亲叹息着，语重心长地对阿水说："阿水，你看家里这么困难，你还有两个弟弟。你能不能先工作，工作以后也可以继续考研啊！"

可阿水一脸坚决地对母亲说："参加了工作，哪还有心思再读书，再考研？如果你现在不支持我，就等于毁了我的前程，九泉之下的父亲一定不会瞑目的。"

阿水的母亲还能说什么呢？孩子能有出息，她在百年之后才有颜面见他参呀！

最后，母亲只好同意了。从那之后，她除了努力干活挣钱之外，还时常偷偷跑去卖血。重体力劳动加上卖血，终于有一次，她坚持不住了，在一次卖血回来的路上昏倒在村子里的公路边。

幸亏村里的人发现及时，她才捡回来一条命。村里人知道事情的真相后，都开始谴责阿水的自私。

一个连自己的至亲都不知道爱惜的人，又怎么能指望他能对社会做出更多的贡献呢！古人云："先成家而后立业。"一个人只有对自己的生活能负起责任，才能承担更多的社会责任。

"谁言寸草心，报得三春晖。"父母生养我们的恩情，是一辈子也报答不完的。人生无常，在我们有能力报答的时候，一定不要拖延。不止时光无情，生命其实更是非常脆弱的，不要等到无能为力的时候再追悔莫及！子欲养而亲不待，这世间没有后悔药可卖，时光永远也不会倒流！

3

不管你的社会地位高到何种程度，也不管你在人生这个大舞台上取得了多大的成绩，感恩都应该成为你最基本的道德准则和修养。任何人获得的成绩，都离不开别人的帮助。

人与动物最本质的区别便是：人是有血有肉有感情的。乌鸦尚有反哺之心，羔羊尚有跪乳之义，更何况我们自视为自然界最高级的动物呢？

只有学会了感恩，我们的生活才能充满爱的温馨；一个不懂感恩的人，必然会失去爱的感情基础，生活必然会变得冷漠而乏味。

　　"感恩的心，感谢有你，伴我一生，让我有勇气做我自己。"每次听着这首歌的时候，那些带给我温暖和感动的脸庞便会在眼前闪现。感谢有你们，感谢每一场遇见，不管时光如何变迁，你们所带给我的感动和温暖都会伴我一生。

⊙ 别拿伪情怀当拐杖，那只是稻草

1

二十一二的年纪，正是豪情万丈的时候。那个时候，我们总喜欢说理想，说情怀。

毕业前夕，我和明溪坐在老树咖啡屋聊天。

明溪远眺着窗外，一脸坚决地对我说："晓晴，这一生，我一定要做一个有情怀的人"。

我笑着问他："你所指的情怀具体是什么？"

明溪说："过自己想过的生活，做自己想做的事情。"

明溪的梦想我是知道的，就是成为国内顶尖的歌手，成为一个出色的音乐人。明溪不仅弹得一手好吉他，而且还会自己作曲，在我们班里更有"情歌王子"之美誉，再加上他家境优越，那时我深信不疑他一定能够实现自己的梦想。我敬佩地对他竖起了大拇指，由衷地祝福着他："祝你梦想成真！"

人这一生，能够过自己想过的生活，做自己想做的事情，势必要越过无数艰难险阻。也许只有情怀，才能撑得起这样一个看似简单，实则异常艰难的理想。

　　毕业之后天各一方，很多同学都没了消息。十年后同学聚会，明溪来了，依然背着当年的那把破木吉他，但是眼神里却早已没有了热烈而炙热的光芒。

　　他在台上忧伤地唱着《十年》，很多同学在台下起哄，更有甚者高呼着情歌王子。不想明溪却红了脸，摆摆手自嘲地告诉大家，他现在只是一个世俗的小商人而已。

　　看着现在的明溪，我充满了好奇，当初那个斗志昂扬的明溪哪里去了？是什么让他放弃了自己的梦想和情怀？

　　酒过三巡，我终按捺不住，主动找明溪攀谈。

　　明溪点燃了一支烟，悠悠地吐了一口烟圈，真诚地反问我："晓晴，以你现在对生活的理解和感悟，你告诉我什么是情怀？"

　　我没想到明溪会这样反问我，一时间愣住了，思索了片刻，我给出了自己的答案：

　　情怀应该超越理想，那是一个人一生的追求；面对它时，必须有坚忍不拔的毅力，还要有不到黄河心不死的决心，要不遗余力地奋斗才能实现。但是情怀同时又十分的娇贵，它必须要有植根的土壤，我们在追求情怀的时候，应该以实现了自己最基本的生活保障为基础，而不是不切实际地去追求情怀。

　　明溪突然就笑了，笑得一脸的酸楚和失落，然后他跟我讲述了他的这十年。

毕业之后他曾潇洒了一年，跟朋友组乐队，每天沉浸在自我的音乐世界里。可是一年之后，他家的生意却突然出了问题，不久之后家里破产了。他父亲因气血攻心突然病逝，家里留下了一堆的债务。这时候，现实的残酷让他不得不放弃了自己当初的梦想和情怀。

因为他的梦想和情怀不可能建立在靠母亲去拾荒而维持这个家的基础之上，明溪是男人。所以，他开始了在酒吧驻唱的生活，有时候为了多赚一点出场费，他一晚上甚至要赶几个场，一直到凌晨三四点才能休息。

虽然为明溪的遭遇感到惋惜，但是我知道明溪的决定是对的。

聚会快结束的时候，明溪悄悄跟我说："晓晴，你信吗？我一刻也没忘记自己的梦想，我还记得我当初说过的每一句，等我还完这最后一笔债务，我一定要为自己的情怀而活着。"

我拿起酒杯轻轻地抿了一口，微笑地看着他的眼睛，点着头无比坚定地告诉他："我信！"

两年以后，我收到明溪演唱会的入场券，虽然只是在剧院，但是我知道明溪是一个有真情怀的人。

尽管生活艰难，可他一刻也没有忘记自己的梦想，并努力让它变成了现实，这就是真情怀。

2

在现实生活中，总有一些人会拿一些虚伪的情怀来逃避自己应该承担的责任。

我认识一个写诗的男子，从十八九岁开始，便把成为一个出色的诗人当成了自己一生的理想和情怀。

用他自己的话说，不成功便誓不罢休。

至今他已经快四十岁了，诗虽然一直在写，却并没有出彩的地方，也没有给他带来他想要的一切，甚至至今他还是孤身一人。并不是他不向往爱情，而是每次相亲，那些女子在了解了他的情况之后，便没了下文。

而他总会撇着嘴说："现在的女孩子太势力、太现实了，充满了铜臭味的女子，怎么配得上诗人的情怀？"

在工作中，他也总是没常性，从不肯踏踏实实在一个地方扎下根来。朋友说他时，他总是理直气壮地说："我这都是为了历练和积累写作素材。"

工作能力差，人际交往能力也不好，于是，他换工作的频率越来越高，因为没有哪个老板愿意用一个他这样的员工。

在生活最潦倒的时候，他甚至连温饱都成了问题，家里却还有一个六十多岁的老母亲，只能靠捡破烂为生，也常常是饥一顿饱一顿的，有时还要靠邻里接济。

身边的人实在看不下去了，纷纷劝他好好生活，担起抚养母亲的责任。而他却把嘴一撇，唱着高调说："燕雀安知鸿鹄之志哉？"他甚至还说，等他获得诺贝尔奖以后，母亲就能过好日子了。

母亲看他这样样子，心痛极了，连连自责是因为自己没有把他教育好，才让他变成了一个好吃懒做的人。可他却不以为然，仍然我行我素，日复一日地为了自己虚伪的情怀而蹉跎着光阴。

在他看来，自己的情怀就是一根拐杖，支撑着他自己的全部希望。而在别人眼里，他的那根所谓的"拐杖"其实只是一根经不起任何风雨的稻草，根本担不起任何的责任。

一个男人，连自己的温饱都解决不了，整天让生养自己的老母亲挨饿受冻，却拼命抱着自己所谓的情怀不放。这不是虚伪，又是什么？

3

前几日读了陕西作家张战峰写的吴备战的事迹，让我认识到了什么才是真正的情怀，那篇文章我读了一遍又一遍。

吴备战生于20世纪60年代末，陕西蒲城林吉村人，是标准的"农二代"。他的这半生，可谓风云跌宕，如果拍成电视剧的话，绝对是一段传奇。

在他的身上，体现得更多的是跟命运的对抗，是一个心怀大志的好男儿的豪迈气概。

从小，因为家里很穷，他在 16 岁的时候，便单枪匹马去广东闯荡。他为人义气，性格硬朗，以霹雳手段在短短十来年之内便积攒了大量财富，二十多岁的年纪，就开起了跑车。不过，他却不是一个把钱看得很重的人，在自己富起来之后，他开始用自己赚来的钱去帮助村里的乡亲们共同致富。

遗憾的是，因为法律常识的缺失，他犯了罪，在牢狱里待了 12 年。然而身在牢狱的他却始终没有放弃自己，反而利用这些时间阅读了大量的书籍，这些书涉及了各个领域。其间，他对法律书籍的研读尤为认真。通过 12 年牢狱生活的改造和磨炼，他变得更加的觉醒，更加自立自强。

2008 年，他出狱了，但那时的他早已一无所有。回到破烂不堪的林吉村老房子，看着年迈体弱的父母，作为一个曾经极度风光的人物，吴备战的心酸又有几人能懂？

人生的大起大落，却并未改变他做人的真诚，讲义气的本性，他决定立志为村里做一番事业。人们常说，是金子总会发光，吴备战就是那块自带光芒的金子。只用了短短两年的时间，他便从一无所有崛起为林吉村的首富。第四年，他筹资一百多万元给村里修路建了广场，各路媒体对此争相报道。后来，他高票当选为村长。成为村长之后，他为林吉村的发展做出了更多的贡献。

他带领大批农民工承包工程，引导他们一起致富。在他的带领下，只用了几年光景，原本十里八乡最穷最落后的林吉村，一跃成为省级生态文明村，不得不说这是一个奇迹。

而村里的贫困户、孤寡老人，谁家遇到困难，只要他知道，一定出手相助。

如今在蒲城，吴备战已成为家喻户晓的人物。他的气度，他的胆识，他的才干，他的义气，无不让认识到他的人感到动容。他在群众和社会上的名声极大，蒲城发生了社会纠纷也常常找他来调解，面对原本怒不可遏甚至刀斧相持的局面，只要他三言两语便能化解。

充满英雄气概，行侠仗义，好打抱不平；有追求，有理想，有大志向、大报复；朴实无华，讲义气，重感情。在吴备战的身上，聚集了一个传奇人物的所有特质。他此生的宏愿就是让林吉村的父老乡亲过上更好的生活。

一个人的名气、财力都不足以成为别人敬佩他的理由，一个人的风度在于他在面对逆境时所表现出来的勇气和担当，以及清晰的思维和崇高的使命感，这才是一个人最大的人格魅力，也是一个有血有肉、脚踏实地有真情怀的人对生命最崇高的敬意。

4

的确，人这一生离不开情怀的支撑。没有情怀的人生，就如同航行在黑夜的海上却没有灯塔导航一样，会让我们茫茫然失去了方向。

真情怀是什么？是担当，是勇气，是努力，是毅力，而且更要以行动为土壤和依托。真正的情怀，一定是建立在脚踏实地的努力、跋山涉水的艰辛、百折不挠的坚忍之上，而不是异想天开、逃避放任，或者画饼充饥、自欺欺人。

在情怀泛滥的今天，我们一定要能分得清什么是真情怀，什么是自我麻痹的遮羞布。与其掩耳盗铃，以假情怀做幌子，倒不如活得真实一点，庸俗一点，平凡一点。那样起码不会招致别人的嘲笑，因为毕竟这个世界上还是普通的人更多一些。

做一个平凡而普通的人固然平庸，但是至少你在脚踏实地生活，而不是被伪情怀悬浮在半空，成为被人嘲笑的小丑。

也只有真情怀才能成为扶持我们跨过障碍和险阻的拐杖，而那些无法着陆的伪情怀，充其量只是一根稻草，不仅承担不了任何重量和压力，反而会成为害人害己的道具。

⊙ 自己不努力，身边的人再优秀也和你没关系

1

前段时间，应邀去参加一个朋友的宴会。据这个朋友说，她宴请的都是朋友圈里各个行业里的精英。而我跟这些精英并不是很熟。

我本来不喜欢热闹，又自知并没什么过人之处，所以，若不是碍于跟朋友多年的交情，这样的宴会我一般不会参加。

宴会上，朋友带过来一个长相甜美的女孩子，拍着我的肩膀说："一会儿让她跟你坐在一起。这位小美女不仅长得漂亮，性格也十分热情开朗，你一定不会闷的。"

果不其然，那姑娘对谁都是一副自来熟的样子。

我不禁仔细打量起她来：画着精致的妆容，着装也品位不俗，整个人的气质清新明媚。显然来参加宴会之前，她对自己进行了一番精心的打理。

一个喜欢打理自己的女子，一定对自己内在的要求也不会低，我心中暗想。以貌取人是人之常情，这样的女子，自然很容易博得别人

的好感，我亦不例外。

宴会开始之后，姑娘停止了花蝴蝶式的穿梭，终于坐到我身边安静了下来。

姑娘见我沉默，便主动跟我攀谈，态度真诚而热情，就好像我们是一对认识多年的老朋友。我心想朋友还真会安排，我果真不会闷。

聊着聊着，话题自然落到了双方的私事上。

姑娘问："姐姐，听说你会写书？"

我微笑着说："那只是因为喜欢读书，业余时间的一点小爱好罢了！"

姑娘更来劲了："那个××，你认识吧？"

我笑着回应："久闻大名，未见其人！"

姑娘有点吃惊地说："按说你应该很熟悉才对，你们在一个圈子里，接触的机会自然会很多呀！"

我笑了笑，没吱声。

姑娘继续问："那××呢，你见过吗？"

我仍答不熟。

姑娘便像看外星人一样看着我，场面一时陷入了尴尬。

我借故去了一趟洗手间，本来想借此离开，可想想宴会才刚开始，现在就走未免有些失了礼数，便只好硬着头皮又回去坐了下来。

我回去的时候，姑娘正低着头摆弄手机。我想，有了刚才的尴尬，她应该不会再问我什么了。不过，我明显低估了她的好奇心和毅力。

我端起茶杯刚刚啜了一口，她又凑过身子来："姐姐，我给你看看我的照片吧！"

终于不问我认不认识××了，看照片就看照片吧。

结果当她打开照片的时候，我才明白她的用意。

她给我看的，不是她跟某某名人的合影，就是她参加的某个名流组织的聚会。她一边翻照片，一边给我讲她参加过多少"高大上"的聚会，认识多少才杰精英。

而且她在给我介绍那些照片的时候，自豪得就好像那些人的成就和光环就是她自己的一样。其实她刚才问我的一些人我是认识的，只是觉得没必要用这种方式表现出来，再说我觉得自己并没有什么出色的成绩，我也更愿意做朴素的自己。

看她兴致勃勃的样子，我只能言不由衷地赞美着："你真厉害，以后一定前途无量。"随后便借口离开了。

隔天给朋友打电话，感谢她的聚会和对我的照料。电话我问了一句："你昨天安排在我身边的那姑娘可真厉害，认识那么多出色的人物，她一定也很厉害吧？"

谁知朋友笑着说："她是不请自到的。我不过是怕你闷，看她性格又开朗，让她陪陪你而已！她就是很普通的小职员，总喜欢去凑一些热闹的场合，拉着不同的人合影，然后当作自己炫耀的资本，其实自身并没什么能力。”

实在替那姑娘感到惋惜，以她的条件自己再努力一点，应该会很出色的。

2

硕儿妈妈十分信奉"近朱者赤"的原则：我把你送到一个环境好的学校，你以后就会更好！

于是硕儿硬是被妈妈送进了贵族中学。

硕儿家里的经济条件很一般，上这样的贵族学校无疑是在负重前行。

可是硕儿她妈说，上了这样的学校，花多少钱都值。因为硕儿以后的交际圈子就不一样了，她身边的同学都出自精英家庭，硕儿以后也必然会很优秀。硕儿本身极不情愿，可是又拗不过妈妈，只好能勉强去了新学校。

刚开学的时候，谁也不了解谁的状况，硕儿在学校的生活过得还比较自如。每次谁组织有什么活动，也总会叫上硕儿一起玩，可是动辄数千元甚至上万元的消费，却看得硕儿心惊胆战。

因为硕儿清楚地知道，她的父母每个月的收入加在一起也不足一万元，家里还有一个弟弟，一家人还得生活，因此懂事的硕儿从来不敢请同学，因为她请不起。

慢慢地，当大家聚会再叫硕儿时，她便找各种理由推脱，因为她不想欠同学太多，她还不起。

就这样，同学们渐渐了解了硕儿的状况，也就不再叫她一起玩了，对她也越来越冷淡。

在这所贵族学校里，硕儿就像是一只孤单的小鸟，显得非常不合群。她常常坐在校园里发呆。

好不容易挨到一学期结束了，第二学期开始的时候，硕儿说什么也不想再去这所学校了。但最后，却没能耐住母亲一把鼻涕一把眼泪的哭诉，最终又回到了学校。

这次回到学校，硕儿变得更沉默了，她觉得同学们都在背地里嘲笑她，对课程她也没有心思去用功了，学习成绩一落千丈。

极度的自卑和压抑，让原本性格还算开朗的她变得越来越自闭，甚至开始逃课，最后因为旷课太多而被学校勒令退学。

硕儿妈妈怎么也想不明白，自己一心为了女儿好，结果怎么会变成这样？她气得大病一场。直到她的闺蜜来看她，了解了事情的原委之后，才一语点醒了她："别人再精彩，如果你自己没那个实力，其实跟你都没什么关系，因为你融不进他们的世界。"

硕儿妈妈这时候才意识到自己原来的想法有多么愚昧，硬是把原本优秀的女儿逼成了一个问题少女。

生活永远来得那么真实，它不是偶像剧《流星花园》的翻版，硕儿也不是杉菜。

3

借着别人的名声狐假虎威，最终受害的还是自己。

小时候父辈们闲聊时讲的一个故事，至今让我记忆犹新。

故事发生在一个边远的山村。

在一次全村的群众大会上，据说是上级部门派遣下来的一个干部要做报告。

小村偏远闭塞，很多人一生到过最远的地方也就是镇上。听说能够有上级领导来做报告，大家都非常激动，也十分好奇。

那一天，村里的广场上破天荒地变得人头攒动。很多人愿意来开会，不过是想看看上级来的干部而已。

主席台上坐着村长、支书和一个戴着金边眼镜的中年人。群众在底下小声地议论着："你看，城里来的人就是不一样！"

终于等到城里来的领导讲话了，原本还窃窃私语的人群立刻安静下来，群众都屏住呼吸，他们想听听这城里人讲话到底有什么不同。

只见那人轻声咳了咳，声音异常洪亮地向人群喊道：

"同志们，乡亲们！大家好！

我是县长。"

说完他故意顿了一下，结果这一顿就惹出了大麻烦。

县长大人来了！台下的村民们一窝蜂似的拥上去，把县长团团围住，要求他替大家解决一些具体的生活问题。

村支书和村长一看，面面相觑，他们都没见过县长，之前接到上级通知说是县上派来一个领导，没想到是县长微服私访啊！这样的好机会千万不能错过，于是他们便跟其他村民一样，提出了许多本村有待解决的难题。

那干部本来还在洋洋得意，自己成功引起了乡亲们的注意，转眼一看现在这架势，急得冒出一头冷汗。

他支支吾吾了半天，终于挤出一句："我是县长派来的。"

可眼中有了希望的村民们哪里会相信？

他们认为，是县长不愿意替大家解决难题，所以故意这样说的，于是情绪渐渐激动起来。

最后事情没办法收场，那干部无奈之下，只好请求村民派代表去镇上求证。

最后还是镇长出面，村民才作罢，而那干部回去之后，便受到了处分。

听故事的人笑作一团，我当年不懂大人们的深意，直到今日方才明白。

当初那干部，不过是狐假虎威地想借了领导的威名给自己脸上添光，没想到最后却搬起石头砸了自己的脚。

4

有一种人跟别和人聊天的主题从来都是：某某你认识吧？我跟他关系不错。

他们所提及的人，必然是在某一领域有突出成绩的人，有的甚至是一些颇具影响力的人物。他们觉得这样可以无形之中把自己抬到跟那些人一个高度。

可是他们不知道，一个真正有实力的人，从来不会向别人炫耀自己认识了谁，因为他拥有自身的光环便足够了，而无须借助别人的威名。

曾经在年轻的时候，我也有过这样的心理：好像认识了特别厉害的人物，自己也会高人一等一样。也常常暗自在心中自我膨胀，因为我曾见过那么多出类拔萃的人。

但是，随着阅历的增长，我渐渐明白：那不过是自己的虚荣心在作怪。

如果你自己不够优秀，哪怕你父亲再有威名，你也不过是笼罩了他的光环，本身发光的并不是你自己，更不要说其他人了。别人的精彩其实跟你一点关系也没有。

别人顶多在介绍你的时候会说：这是某某的儿子或者某某的女

儿，这是某某的学生，或者某某的老乡之类，而听到的人也充其量会恍然大悟地点点头：噢，是这样。

我们必须承认，群体和群体相比，的确有优劣好坏之分的，但是一个群体也是有无数个个体组成的，因此一个群体优劣的根源还是个体。

很多时候，我们总是喜欢用所在的相对优秀的群体来标记自己，好像一旦贴上了某些优秀的标签，自己就会脱胎换骨，从而变得特别有安全感。

殊不知那只是你能力不够、不自信、实力不强的一种表现。这世界唯一能够保障你的，便是你自己的优秀和光芒。即使你因为别人的声名勉强挤入某个行业，如果自己本身没有什么真才实学，那么总有一天，你必将被打回原形。

中国有一句俗语说得好：是骡子是马，拉出来遛遛。说的便是人要有真才实学，不能只靠别人的光环和荣誉去抬高自己。即使自己暂时被抬高了，那也必定不会长久，必然是昙花一现，最后还落得一个沽名钓誉的下场。

而只有那些始终努力的人们，才能获得人们更多的尊重。当然这种人也更容易获得成功，更容易得到一些前辈的提携和帮助。

所以有着良好的人脉固然重要，比起拥有优秀的人脉，你的努力成长更重要。

⊙ 生活里固然有挫折和伤害，但那不是你堕落的理由

1

对于学习这件事情，我好像生来就有天分。

小学的时候，不管什么考试，第一名总是我的。只有五年级第一学期的期中考试，以两分之差得过唯一一次第二名，而那一次我哭了很久。尽管在后来的考试中，第一名仍然是我，但我还是会因为那唯一的一次第二名而遗憾。

中学的时候，我仍旧名列前茅。那时候，课外时我读奥斯特洛夫斯基的《钢铁是怎样炼成的》、泰戈尔的《飞鸟集》。也是从那时起，文学的种子就种在了心中。闲暇的时候，总喜欢写写小诗。那时学校给我们订的杂志是《当代中学生》，偶有诗歌变成铅字，我会比吃了糖果还要觉得高兴。

我像一只勤劳的小蜜蜂一样，乐此不疲地飞舞在知识的百花园里。在努力奋进的同时，我总是快乐地憧憬着自己一定可以进入更高的学府，学习更多的知识。

　　然而在我初三快毕业的时候，父亲出了车祸，我的天仿佛一下子塌了。

　　我是家里的老大，下面还有两个弟弟，在父亲卧床不起且需要人照料的情况下，我唯一能做的，就是替母亲来扛起这个家庭的重担。

　　初到省城，因为不到用工年龄，我只能在小餐馆里给人端盘子做服务员。这也是一个农村女孩到了城里之后最基本的谋生方式。

　　尽管生活得无比艰辛，可我仍然没有放弃学习，因为只有在知识的海洋里翱翔，才是我生活里唯一的亮光。每个月发了工资，除了把一大部分钱寄回家以外，我会在留下的那一少部分钱里拿出一大半来租书看。那时餐馆集体宿舍后面的巷子里，就是一家出租各种书籍的书吧。经营书吧的是一个中年退伍军人，也许是我对书的痴爱感动了他，后来他竟然不收我的租金了，只是叫我看完了再还回来就行。

　　那时候，其他的女孩子都在忙着谈恋爱，打扮自己。而我除了工作，就是看书，不停地看书。正是那三年马不停蹄的阅读时光，让我在承受命运无情地打击的同时，也找到了人生的方向。

　　后来，我通过自己的努力不但拿到了酒店管理的大专文凭，而且还考取了汉语言文学本科学历，而后开始做生意，搞文学创作。

　　工作上也由服务员一步步做到领班、主管、经理，逐步慢慢攀升。

　　尽管这个过程很苦，但是我始终没有放弃自己。

　　其实一个人想成为一个什么样的人，自己早已在心里做了定位。很多时候，不是那些挫折击败了我们，而是自己放弃了自己。只要自己在内心深处有积极向上的心态，只要愿意付出努力，你就可以到达理想的彼岸。

2

　　前一阵在一个非常出名的微信公众号上，看到一篇十分让人心酸的文章：

　　一个叫阿离的女孩子，不离不弃地爱了一个男孩子五年。他们一路从一无所有走到今天男子事业有成，然而最终男子却向她提出了分手。

　　男子跟阿离分手的理由是：他如今事业有成了，觉得当初阿离为了他的事业，到处奔波求人的样子很丑，配不上他现在的社会地位。他现在的平台高了，为了以后更好的发展，身边需要更加光彩夺目的人陪伴。

　　在过去的四年里，那男子一直处在事业的低谷期。他身边的朋友认为他不务正业，都一个个远离了他，只有阿离始终不离不弃地跟在他身边。

　　阿离不仅踏实，且极其聪慧。她除了做好他的女朋友，无微不至地体贴照顾他之外，还到处替他拉人脉，争取客户。在他的资金周转不下去的时候，阿离更是到处替他借钱，身边的朋友都被她借遍了。

很多朋友都问阿离，你这样做值得吗？

阿离说："爱他，就要无条件地支持他。"阿离因此在朋友当中也获得了一个"傻妞"的"美誉"。在那男子一次次遇到挫折，想要放弃而否定自己的时候，阿离却一直鼓励、支持他。

有一次为了一笔五十万的订单，阿离和他一起陪合约方吃饭。

席间合约方嫌他们公司太小，有意为难。

原本生性柔弱的阿离勇敢地站出来，使出浑身解术极力周旋。到最后合约方被阿离的勇气感动，有意给他们一次机会，便指着满满一大玻璃杯白酒说："你把这白酒喝了，我便签了合同。"

原本不胜酒力的阿离二话没说，拿起杯子咕咚咕咚地喝了下去。

合约方一看，还以为阿离特别能喝，又倒了一杯摆在她面前："我说话算数，好事成双！合同拿过来，你干了这杯，就当为我们的合作庆祝。你喝完，我便把字签完！"

原本已经有些晕晕乎乎的阿离，端起酒杯便又灌了下去。这两杯酒下肚，少说也有一斤！

合约方倒也信守承诺，签完字笑着对阿离的男朋友说："你小子有福啊！有这样的女朋友，夫复何求？"

阿离却身子一软，便倒了下去。

大家七手八脚地把阿离送到医院洗胃，如果不是因为送去及时，阿离很可能会有生命危险。原本阿离需要慢慢调养，可知道他的公司因为缺资金而缺人手，便等不及养好病便又开始替他四处奔波了。也是因为如此，阿离落下了胃病的病根。

动情的时候，那男子也曾把阿离揽在怀里，无限深情地对阿离说："能这样真心对我的人，我会一辈子珍惜。"

而如今他的事业终于走上正轨了，终于有了更好的发展，却狠心抛弃了阿离。

想起这几年自己为他付出的一切，阿离的悲伤像决堤的河流，她的内心充满了绝望，绝望到失却了理智。

她决定报复那男子，她所想到的方式，便是放纵自己，她想让他痛苦。

于是阿离在网上约了一个陌生男子，然后和他去开房，拍了一张模糊不清的照片，但照片上能显示出阿离和一个男子躺在床上抱在一起的轮廓。她想事后发给他的男朋友，让他感觉到痛。

可是当陌生男子的手扶上她阿离的腰时，阿离却本能地躲开了，然后以最快的速度冲出了酒店。

阿离站在冬日暮色下的街头，望着车水马龙人来人往的街道，泪流满面地颤抖着给他发了照片和短信。

而他只是冷冷地回复到：如今你再做什么，都与我无关，以后请不要再骚扰我。

多么冷酷而绝情的字眼！

阿离浑身打了一个冷战，一下子清醒了！幸好自己刚才逃出来了！为了这样一个冷酷无情的人去伤害自己，太不值得！也幸好在没结婚之前便分开了，否则自己不知道还要蹉跎多少时光。

一份感情一旦走到尽头，你再做什么，真的与对方无关了。那只是你自己的事情，就算你堕落了，对方也不会承担一丁点的责任，最终受伤的也只能是你自己而已。

3

因为受到别人的伤害而自甘堕落的人，最终只会让自己的人生变得更加泥泞不堪。

一天，洛洛像往常一样，画了浓浓的烟熏妆继续去滚石 KTV 上班。

洛洛现在的工作，是滚石 KTV 里的陪酒女郎，美其名曰"公主"。反正自从坚决地跟悠然分手之后，她的生活便没了乐趣，整天醉生梦死的生活反而让她觉得很快乐！

只是洛洛怎么也没想到，竟然会在这里再次碰到悠然。

当洛洛扭着腰肢，妩媚含情地走进包厢的时候，她被坐在对面的悠然吓了一跳，惊得心扑通扑通地狂跳了起来！

尽管包间里坐着十几名男子，可是洛洛却一眼就看到了悠然。

那可是她全心全意爱了三年的男人啊！她曾经以为，她可以跟他一生厮守，白头偕老；如果他愿意，她甚至可以把命给他。

只是，事情的结局，却没有顺遂她的心愿。

三年没见，悠然比以前更有魅力了。不止是在穿着上更有品位，一举手一投足之间也都显出了成功人士的儒雅之气。

洛洛再看看现在庸俗不堪的自己，连择了一个离悠远最远的位置坐下。其实在刚才一开门的瞬间，她原本是可以逃跑的。可是自己也不知道是出于一种什么样的心理，竟然鬼使神差地走了进来。

悠然并没有多看她一眼，依旧谈笑风生地招呼着大家喝酒。

他不记得我了吗？还是现在这样的我，已经让他认不出来了？洛洛的心里犹如万马奔腾，七上八下地忐忑猜测着。

的确，三年前洛洛可是一个清纯可人的姑娘。那时悠然迷上她，也正是因为喜欢她身上那种甜美的清纯之气。

悠然常常说："洛洛，这世界太浮躁了，你就是我心中那朵纯洁的白色旱莲。"

后来，悠然认识了 R 集团的总裁千金。他们之间的私情被洛洛发现了，洛洛哭着要跟悠远分手。

当时悠然劝不住洛洛，便威胁着说："你一定会后悔的。"

那时悠然还是一副依依不舍，难舍难分的样子，可洛洛却坚决地离开了。

可离开之后她又忘不了悠然，无数的爱和恨一起交织着，洛洛一次次在酒吧买醉后被酒吧的老板看中，便成了酒吧的公主。

洛洛还在心不在焉地胡思乱想着，身边的男人却搂过她的腰，端起一杯酒递到她嘴边，轻薄地要喂她喝下去。

如果放到往常，洛洛肯定不会拒绝。可是今天看到坐到对面的悠然，洛洛心里一慌，失手打翻了那杯酒，洒了那男人一身。

悠然赶忙过来给那男人道歉，大声而轻蔑地斥责着洛洛："你怎么这么笨手笨脚的？你们经理看上你哪一点了？这样的人也敢用？还不快滚出去！"

洛洛捂住脸冲出了包间。

原以为早就麻木了的心却瞬间痛得无法呼吸，眼泪扑簌簌流了下来。

离得这么近，悠然不可能认不出自己。只是如今这样的自己，让他连相认的勇气都没了！他对自己有的，只是更多的看不起！

当初她以为自己堕落了，就是报复到了悠然，只是如今悠然更加的意气风发了，而自己这些年都做了什么？

除了无休止地蹉跎时光，堕落到让人都不敢相认的地步，她还有什么呢？

洛洛坐在街边号啕大哭。

第二天，洛洛辞了职。

再也不傻了，她决定以后为自己好好活着。

4

人这一生，总要不停地经历风雨，不停地经受各种各样的伤害。

也许是爱情，也许是友情，也许是一次机遇的错失，也许是一场突来的横祸。可不管我们遭遇什么，都不应该成为我们放弃人生的理由。

表面上看，你是被所遇到的事情伤害了，才演变成今天的自己，实际上则是一种心性不坚定的表现，是一种对自己不负责任、逃避现实的懦弱行为。

在生活和工作上，你向困难妥协了，你的人生只会变得更加艰难。

于爱情，就更得不偿失了。退一万步来说，分手后，既然你的行为让对方难受了，不舒服了，可是又能补救什么、挽回什么呢？不爱了就是不爱，既然什么也挽回不了，何苦还要为难自己呢？

你所谓的报复，其实根本报复不了别人，只会让自己变得更差。爱情没了，我们还可以再遇到，而如果为了仇恨而失去了自我，是没有人为你的愚昧买单的，最终受苦的只能是你自己。

与其在挫折和伤害里一蹶不振，不如去积极地努力，把自己变成更好更强大的人。

▶ 你是金子就要努力发光，埋在地下成不了宝藏

1

秋秋是个十分优秀的姑娘，大学毕业后应聘到一家规模很大的集团公司上班。

临报到前，母亲千叮咛万嘱咐地告诫秋秋说：

"去了新的公司，从开始一定不要太表现自己，等你先搞清楚公司的情况再说，大公司人事复杂。"

秋秋不解地问母亲："不表现我怎么出成绩？"

母亲却以一副过来人的表情，语重心长地对秋秋说：

"你不知道，妈妈当年就是因为不懂得这些，在单位里太上进了，以至于后来遭到同事的嫉妒，吃了大亏！你没有听过那句话吗，木秀于林，风必摧之。太出众了必然会遭人嫉妒，容易被摧毁，要学会韬光养晦，这也是妈妈在吃亏了之后才明白的道理。你是我的女儿，你听我的话，我肯定不会害你。"

秋秋仔细想想觉得母亲说得也有道理，便点了点头。

　　在秋秋上班一个多月后，公司举办了一次大型的产品发布会。没想到发布会开始之前出了一点状况，原本安排好的主持人，却在发布会前十来分钟因急性肠胃炎突然发作，不能来了。

　　就算临时找人来救场，在交通十分拥堵的上班高峰期，发布会至少要推迟一个多小时。而此时各路媒体俱已到齐，公司领导急得团团转。

　　宣传部的人在公司的微信群里发布了这一消息，问谁可以自告奋勇来当主持人。

　　秋秋原本想毛遂自荐的，因为她以前在学校时曾主持过系里的晚会，不仅普通话过了二级，应变能力也是相当强的。主持这样一场发布会应该不在话下，可一想到母亲的叮咛，秋秋便沉默了。

　　因为在这样的大型发布会上，要面对的可不只是公司的人，还有各路媒体。自己只是一个新人，如果一旦出了差错，日后一定会给自己带来许多麻烦。

　　就在秋秋犹豫不决、左右权衡的时候，比自己晚进公司一个星期的珠珠在群里站了出来。

　　那天发布会结束后，珠珠便成了公司的焦点。平心而论，如果秋秋上台的话，一定可以比珠珠主持得更好。

　　而秋秋却由于太保守，错失了这样一次让自己发光的机会。

　　珠珠不仅受到了领导的表扬，原本按规定三个月之后新员工才考虑转正的，珠珠在第二个月满就破格得到了晋升。

珠珠不但得到了晋升，简直是平步青云，直接被调到了公司的宣传部，做了宣传部长的助理。

而秋秋却只能在新员工的道路上慢慢地等着转正，慢慢地寻找晋升的机会。

尽管秋秋懊悔不已，可已于事无补。母亲听说了这件事情，也只能默默地叹息。

2

乔桥是一个含蓄而内敛的姑娘，在一次画展上邂逅了青年画家云生。

云生对乔桥颇有好感，乔桥对云生也十分欣赏。可是乔桥太矜持了，云生也是一个比较沉默的男人，尤其在爱情方面从来不会主动。

乔桥画得一手好油画，本来跟云生有更多的共同语言，可是她从来没告诉过云生。在与云生来往的过程中，她从来没主动展示过自己。

乔桥觉得，一个有内涵的女子，何必要刻意地去展示？那样跟张着尾巴四处炫耀的开屏孔雀有何区别？如果云生真对自己有意，必定会想办法主动了解自己。

乔桥偶尔会在朋友圈里发点自己的画作，却也从来不言明是自己画的。印章那么小，况且用的又不是真名，云生自然也不知道，以为是她转发的。

而后云生又认识了活泼开朗的苏若。

苏若与乔桥，是截然不同的两种类型。

她不止隔三岔五发一些自己的画作请云生指导，还经常与云生交流自己的创作感悟。尽管苏若的绘画水平很一般，可是一来二去跟云生却越来越熟了。

熟了之后苏若更大方了，总是把真实的自己展现出来，常常带给云生异样的惊喜。后来，苏若成了云生的女朋友，乔桥自然淡出了云生的视线。

直到在一次行业画展上，云生再次遇到乔桥时，才知道乔桥原来不仅会画画，而且还画得非常出色。

这让云生十分惊讶，可是看着身边小鸟依人的苏若，自然什么也不会说了。

乔桥不知道，如果她当初稍微展示一下自己，陪在云生身边的一定是她。看着云生揽着苏若的腰慢慢远去了，乔桥的心底泛起了一丝丝酸酸的惆怅。

更为戏剧性的是，若干年后在一次书画交流会上，乔桥和云生又坐到了一起。此时他们都已经是年过半百的人了，云生终于忍不住开口问道：

"你当年心里到底有没有我？"

一刹那乔桥僵在了座位上，心里翻江倒海了半天，最后红着脸挤出一句玩笑话："都年过半百了，现在问这个问题已经没有任何意义了，不是吗？"

云生也玩笑地打着哈哈："是啊！人老了，就爱开玩笑！"

其实那时他们都知道，正是由于彼此太隐忍的性格，才造成他们一生的错过。

可是很多事情，特别是爱情，错过了便会是永远。

3

2013年在某公司做管理的时候，每次大家评优秀都是我。但是我作为部门负责人，又不能总是居功，便把这样的荣誉让给了我的助手。心想反正都是我们部门的成绩，我得和她得也没什么区别。

可是到年底业绩考评的时候，我彻底傻了。

考评的唯一标准，便是拿业绩说话。

我的助手很自然把她那些优秀证书都交了上去。

我原本以为，每次都是我推让的，大家一定心理都有一杆秤，我要不要那些荣誉无所谓，所以倒也坦然。

可最后的结果却跟我想的大相径庭。

公司里几百号的员工，光管理层就五六十人，领导哪记得你让出了什么？他们看的不过是最终的结果。

公司年会上，我的助理不止得到了表扬和奖励，还收获了无数的鲜花和掌声。更让我尴尬的是，总公司的领导拍着我的肩膀意味深长地说：

"晓晴呀！感谢你这一年来，为公司培养了这么优秀的员工。只是你自己，也需要努力加油！"

此时我说什么都显得苍白无力，只能是挤出满脸的微笑，努力对领导点着头说："谢谢领导鼓励，我一定努力！"

心底那个五味杂陈，自是说不出的酸楚，几天都像堵了一块石头一样难受。

助理一再对我表示感谢，感谢我给了她出彩的机会。

我表面上装作不在意，可是内心的苦涩和失落只有自己知道。

从那以后，再有什么荣誉上的事情，我不再让了。因为生活在这快节奏的年代，很多事情你太谦让了，只会让自己陷入更多的无力和被动。

在《伯乐和千里马》里有这样一段话：

世有伯乐，然后有千里马，千里马常有，而伯乐不常有。故虽有名马，只辱于奴隶人之手，骈死于槽枥之间，不以千里称也。

这段话的意思就是告诉我们：

世上有伯乐这种识马的人才，千里马才能被发现，千里马并不少，但是伯乐却不多见。如果千里马是被不懂得马匹的俗人得到，最终的命运便是和平常的马一起终老死于马棚中，不能因为它是千里马而被人所称道。

连千里马这样的神马良驹，都需要展示的平台才能成就千里马的风采，更何况是在竞争无比激烈、人才济济的现代社会？

4

是金子总会发光的名言固然没错，但这说的是一种本质的现象，一种对自身良好品质的认证。如果把这句话放在当下，应该改成是金子就要努力发光，只有把自己呈现在太阳底下，才能绽放出美丽的光芒；而如果只是一味地把自己埋没在泥土里，谁又能发现得了你是金子呢？

因为金子本身是不会发光的，它之所以能够在我们的视线里闪闪发光，也是借助了太阳的光芒。

如果拿这一理论来比喻人生，首先你得保证自己是金子，其次你要努力地展现自己的光芒，才能获得你想要的结果。

所以如果你是一个有才能的人，一定要通过一定的平台和媒介展现出来，否则你永远只能是没有被发现的矿山，毫无价值可言。

以前我们总喜欢说酒香不怕巷子深，那只是以前慢生活时期人们的一种陈旧观念。那个时候生活节奏不快，大家自然有闲情逸致去探寻。在这个瞬息万变、时机稍纵即逝的年代，就是酒再好，藏在深巷子当中，一样会门庭冷落车马稀。

那么对于人生而言，最正确的人生观，应该是不沽名钓誉、哗众取宠，但也不过份自谦、妄自菲薄，而应该是以一种积极入世的心态，去最大化地展现我们自身的光芒和才华，这样才能实现更大的人生价值。

就算你再有才能，你不愿意展现自己，那也只能无故错失很多机会，结果成为一个平庸而无为的人。成功与否，只是你自己的事情，在这条路上没有人会时刻拉着你。如果你总是以一种是金子就会发光的心态去等着被别人赏识，去等着被你的伯乐发现，那无异于痴人说梦。

⊙ 别让面子情结毁了你一生，其实你没那么多观众

1

云儿第一次带男朋友回家的时候，遭到了父母强烈的反对。

父母不仅把云儿和她的男朋友扫地出门了，甚至连他们买回去的礼物，都被扔了出去。

云儿在村子里徘徊了三天，只能借住在邻居家，这期间她求这个邻居去自己家里劝说一下父母。

可是云儿的父亲一个字也听不进去，而且还反驳前去劝说的人说：

"你会把女儿嫁给一个瘸子吗？不是你的女儿，你当然不会觉得丢人现眼。"

邻居只能灰溜溜地走了。

云儿父亲极力反对这门亲事，主要就是她的男朋友是个瘸子。据说小伙子在年幼的时候生过一场大病，右脚有点萎缩，最终两条腿不一样长，因此走路有点瘸。

不过，除了有点瘸之外，云儿的男朋友在其他方面都不错。

他不止为人勤劳踏实，而且还颇有经商头脑。通过自身的努力，

他在无锡创建了自己的皮革厂，手底下有上百名员工。

而云儿之所以对他死心塌地，是因为他对云儿真是好得没话说。体贴入微根本不算什么，简直到了含在嘴里怕化了的程度。

云儿和男朋友跪到家门前的台阶上求父亲同意，但父亲无动于衷，最后对她说：

"女大不中留！你如果愿意跟他走，就跟他走吧！我就当没有生过你这个女儿，只是这女婿，我是绝对不会承认的。"

云儿哭着说："你不就是嫌他脚瘸，不好看吗？其实又不影响什么，我都不介意，你介意什么？"

云儿跟男朋友在外面跪了一天一夜，见无法劝动父亲，便对着大门磕了三个响头，然后便离开了。

小伙子临走前大声喊道："父亲，不管您认不认，我都是您的女婿，以后家里只要有事，我一定竭尽全力。"

云儿的父亲在屋里冷哼着。

他们回了无锡，云儿的母亲偷偷把户口本给云儿寄了过去，让他们领了结婚证。

一年以后云儿的父亲得了脑梗，母亲给云儿的大哥打电话让他回来，可云儿的大哥却说在广东很忙，请不了假；她又给云儿的二哥打电话，可云儿的二哥说公司正在评职称的关键时刻，所以不能请假；最后无奈，只好给云儿打了电话。

云儿和老公立即买了晚上的航班，下了飞机又包了专车连夜赶回了家。

云儿的父亲本就高大，到医做检查的时候，她母亲根本扶不住他，而云儿的老公竟然拄着拐杖，背着一百五十多斤的岳父跑前跑后的。

所有的人看到都说："你这儿子可真孝顺！"

云儿的父亲脸上一阵红，一阵白。

半个月后云儿的父亲出院了，而且恢复得很好。

村里人见了都夸云儿找了一个好女婿，说云儿她爹好福气！根本就没有人在意云儿的老公是个瘸子的事情。

2

我和好友梅子闲聊，说起很多人死要面子活受罪这件事情，梅子给我讲了她刚到餐厅打工的一段经历：

我才开始在酒店做服务员的时候，就觉得特别的丢人。

因为那个时候，我在心里一直认为，给人端盘子端碗是一件特别丢人的事情。

我清楚地记得，那是中考刚结束那年的夏天，因为人生地不熟，又刚来到省城，身上没有更多的钱，便跑去酒店应聘，因为酒店的工作是管吃管住的，这样便少了很多的麻烦。

也许是因为我的聪明伶俐，应聘出奇的顺利，但是当我拿到那身水蓝色服务员工作服时，心里却觉得特别的委屈。

我总感觉身后好象有无数双眼睛看着我，大家都在嘲笑我在给别人端盘子。所以每次走路都很快，也总是喜欢独来独往。

至今我还记得那个酒店外面有一个人工湖，中午休息的时候我便一个人去湖边发呆，尽管手里捧了书，却一个字也看不进去。我的心里极度忐忑，忐忑会有人突然冲出来嘲笑我。

就这样过了三天。

在第四天中午的时候，我在湖边遇到一个同在酒店当服务生的男孩子，他看到我手里的《唐诗三百首》，有点诧异地说："你跟其他的女孩子很不一样。"

我苦涩地笑着说："不过都是服务员而已，都是为人端盘子端碗的，一样被别人笑话，有什么不一样？"

那男孩子听了我的话，笑着说："你真的想太多了！"

说完他从裤兜口袋里掏出一个小本本递给我，是西工大的学生证。原来他是利用暑假来酒店打工，为自己赚生活费的，他在传菜部。

我羡慕地把学生证还给了他。

他非常诚恳地对我说："千万不要轻视了自己，做服务员怎么了？你是在用你的劳动获得应有的报酬，记住，劳动最光荣！而且只要你不放弃自己，行行都可以出状元！"

我如释重负地点了点头。从那以后，我开始慢慢接受自己做服务员这一事实。我的行动也变得大方起来了！

后来在服务行业当中，我逐步做到了管理的位置。其实仔细算来，这世界上有三分之二的行业都与服务有关。

现在想来，自己那时候的思想真是有点可笑。是那个西工大的学生点醒了我，否则我没有今天的成绩。

从那以后，我突然明白了一个道理，这世界每个人所关注的，只不过是与自己息息相关的事情。你又不是明星大腕，更不是名人名流，你没有那么多的观众。

如今已经是某餐饮集团总监的梅子，说完端起面前的咖啡优雅地抿了一口。

3

国人爱面子，这是不争的事实。

很多人为了面子，去跟风买奢侈品，甚至不顾自己真实的经济实力。

很多人为了面子，去嫁自己并不喜欢的人，只为了能够有风光的生活。

很多人为了面子，为了争得一时的输赢，去斗殴打架。

很多人为了面子，固守着表面繁花似锦，实则内里已经是千疮百孔的生活。

很多人为了面子，守着一份收入并不高的工作，过着拮据不堪的生活，却不愿意去干能让自己增加收入但也许会丢了面子的、苦一点累一点的工作。

很多人为了面子，不惜撒谎吹牛，到最后不得已只能用一个又一个的谎言，去圆前一次的谎，最后搞得无法收场。最后的最后，当然是连面子和里子都一起丢了。

其实追究这些问题的根源，不外乎我们太看重自我了，总以为会有无数双眼睛看着我们。然后在做每一件事情的时候，总是害怕被人嘲笑，害怕别人看不起，害怕得不到别人的尊重，同时又渴望看到别人羡慕的眼神，于是才有那一系列问题的诞生。

人需要尊严，无可厚非。可是很多时候，太过自尊，不切实际的自尊，同样是不自信的表现。打肿脸充胖子的行为，最终只能造成自己更多的尴尬和负重。

其实每个人都有自己的生活，自己的事情都解决不完，哪有那么多的时间时时刻刻地去关注别人呢？

前几日我故意在朋友圈发了自己一张很丑的照片，然后两个小时之后再删掉，就是想看看有多少人会关注我。

结果我问了很多朋友，都说没注意！

我心里顿时坦然，你看！很多事情真的无需介意，更不要用自己的面子情结，去无故加重生活的负累。

⊙过分的谦让不是美德，是自卑

1

谦让是中华民族的优良传统，更是一种美好品质的体现。但是凡事都得有个度，过分的谦让，反而是一种自卑的表现，是一种对自己能力不自信的惶恐，从而让别人在无形中就看轻了你。

小A刚来单位实习那会儿，也许是由于对单位情况不熟悉，所以见了谁都叫老师，而且总是一副点头哈腰的表情。

在小A看来，这是对大家的尊重，是一种礼貌而友好的行为。而且自己是新人，把姿态放低一些，自然会给大家留下一个好印象。

直到有一天，小A去茶水间接水的时候，听到两个年轻的女同事在偷偷谈论自己，一时间怔在了原地：

"你们销售部新来的那个小姑娘长得白白净净的，只是个性怎么那么奇怪？"

"怎么了？"

"她不仅见谁都点头哈腰的，而且把每一个人都当前辈，当老师，让人感觉特别好笑。"

"我们也觉得她有点'特别'。"

"你知道最可笑的事情是什么吗？她来的当天，新来了一个保洁阿姨，她碰到那个保洁阿姨也叫老师，那个阿姨连忙摆着手红着脸走了。"

"哈哈哈哈……"

茶水间里两个人嘻嘻哈哈地笑作一团。

小Ａ水也无心接了，跑回座位，委屈地哭了起来。

碰巧经理看见，便把小Ａ叫到了自己的办公室。听小微讲述了事情的经过之后，经理微笑着对小Ａ说："新到一个单位，为人谦和是好事，但是你的谦和得有个度。在这个人情冷漠的世界，有时候你过于谦和，反而会让人生出疑惑而疏离你。你对别人太客气了，别人反而会更看轻你。以后如果遇到不懂的问题，可以来问我，不必对每个人都毕恭毕敬的，保持最基本的礼貌和尊重就行了。"

人与人之间，往往就这么奇怪，近不得亦远不得。

同样，也不能过分的自傲或者自卑，只有保持自己的中立和独立，才能赢得更多的尊重。

2

有些机会一生只有一次，如果因为自己的过分谦让而导致错失，那将是一生的遗憾。

特别是在职场当中，很多机会稍纵即逝。更有甚者，因自身谦让而带来的前途受阻，将是一生的伤痛。

浩然和冰杰大学毕业后，同时进了某机关当干部。

一晃十多年过去了，两个人不但成了交情过硬的哥们儿，而且在单位都干成了中层领导。

他们的友谊让很多同学都很羡慕，有同学开玩笑说："你们这是变相的形影不离啊！"他们也为这份友情感到自豪。

毕竟人这一生，又能有多少个十几年形影不离的好朋友呢？

随着人事的变动，很快单位迎来了一次大的人事调整，需要有一个人走到更高的领导岗位。

而这个人，将在浩然和冰杰两个人中产生。浩然和冰杰的工作能力也差不多，这倒让上级领导犯了难。

而他们两个，唯一不同的是浩然做事保守谨慎，而冰杰则趋于大胆激进一些。

经过多方考核，他们各方面的能力都在伯仲之间。到底定谁更合适呢？更上一级的组织决定偷偷派考察组去他们单位对二人考察一番。

考察组人在详细了解了他们两个人的具体情况后，分别找了他们两个谈话。

　　首先找到浩然。

　　考察组也不拐弯抹角，直接开门见山地问："如果把你调到某某领导岗位，你有什么想法？"

　　浩然一听，虽然心里已经欢喜得心花怒放，却硬是强压着内心的波澜壮阔，非常谦虚地对来人说："单位里那么多有能力的人呢！我浩然何德何能？如果有可能，我一定更加努力地工作，决不辜负领导的栽培。"

　　考察组再问："如果让你推荐一个人，你会推荐谁？"

　　浩然迟疑了一下，报出了冰杰的名字。

　　考察组若有所思请他先回去。

　　然后再找冰杰谈话，问的仍是相同的问题。

　　冰杰听了，满脸喜悦地跟考察组的人说："如若果真如此，那冰某当仁不让，我推荐我自己。"

　　而后他不仅详细地说了推荐自己的理由，还细致地分析了未来工作的特点，以及长远的规划。

　　一周之后，上级的任命便下来了，走到领导岗位的是冰杰。

　　虽然浩然有点失落，但自己的好兄弟获得升迁，他也大方地表示了祝贺。

　　后来不知道怎么流传出来的，大家知道了冰杰胜出的原因是毛遂自荐。

　　浩然一听心里便不是滋味了。怎么我在领导面前推荐你，而你竟然推荐你自己？可是又找不到理由发作，便只能郁郁寡欢地憋在心里。

　　自此，他和冰杰的感情也变得慢慢生疏了。

　　而更让浩然懊悔不已的是，打那以后，冰杰竟然平步青云，扶摇直上，调去了更高的岗位。

　　而浩然虽然后来在本单位也得到了升迁，但是却已经被冰杰甩了好几条街。

　　在一次同学会上，看着满面春风的冰杰，浩然醉酒时嚷嚷着："要不是我当年谦让着你，哪有你今天的风光？"

　　大家七手八脚地把浩然拖走了，都说他喝得太多了。

　　尽管事后浩然曾找到冰杰道歉，可是他们到底是生分了，疏远了。

　　而浩然更是陷入了郁郁寡欢中，经常借酒消愁，这件事成为他一生的痛。

3

　　人说性格决定命运，你的待人接物的方式，将决定你最终会拥有怎样的人生。

　　在乔安集团的人事经理办公室，人事经理苏兰刚刚看完了一份辞职报告。辞职的原因是这名员工觉得自己默默为公司付出很多，却没有得到应有的回报，反而是那些没干什么实际工作、只会溜须拍马的员工得到了重用，她觉得自己受到了伤害，所以申请辞职。这样的情景一下子就让苏兰想起了多年前的自己。

那时苏兰和杜小沐刚刚一同进入永安集团。她们俩不止性格截然相反，处事的方法也反差极大。

农村出身的苏兰一直觉得自己是来自山里的狗尾巴草，因此做人做事总是给人一副谦卑低调的感觉。在工作方面，苏兰就是一头只知道兢兢业业做好自己本职工作的老黄牛。即使在工作中做出了一些成绩，她也总是一副谦让的态度，把功劳都让给了别人。这样的苏兰在大家的眼里，不仅是一个沉默寡言的人，更是一个没有什么特点的人。

而她的这种沉默寡言和处处谦让的态度，常常会让大家忽略了她的存在。

而杜小沐却跟苏兰截然相反，她性格开朗直率，平时为人处事放得很开。最重要的一点是，她在工作中做出成绩时从不会因为自己是个新人而把功劳都让给别人，而是会一点一点累积到自己身上，而且会让上司和老板都清楚地认识到自己的工作能力。

慢慢地，全公司上上下下都知道了杜小沐是一个能做事、会做事的人。

有同事点拨苏兰："你就是太老实了，从来不知道为自己争取什么，总是谦让又谦让。这样下去，就算你做得再多、再好，上司和老板也看不到，你得跟人家杜小沐学学呀！"

每当这时，苏兰总是淡淡地笑笑说："我是我，杜小沐是杜小沐，再说我觉得只要努力工作就好了，何必那么张扬呢？而且我觉得谦让是一种美德，我很乐于这样做。"

到年底评优秀员工的时候，站在领奖台上的杜小沐一脸的幸福和灿烂。

坐在台下的苏兰，尽管心里酸酸的，可此刻除了替杜小沐鼓掌，她还能做什么呢？

更让苏兰失落的是，在公司的年终酒会上，当公司老板把她误认为服务员的时候，她的一颗心彻底碎了。她觉得自己的付出和努力，到头来只换来了不公和失望，所以她决定辞职。

当她写好辞职报告，交给经理的时候，经理只看了一眼，提笔便把字签了。苏兰隐隐觉得自己做错了什么，但又不知道错在哪里。经理看着她委屈而迷茫的眼神，若有所思地说："苏兰，临走之前我送你一句话：低调做人，但一定要高调做事。你以后的人生路还很长，如果能明白我话里的深意，日后就一定能取得一番成绩。"

苏兰牢牢地记住了经理的话，后来应聘到了乔安集团，通过努力和不断的表现，终于拥有了今天的成绩。

想到这里，苏兰在那份辞职报告上签了字，然后把当初永安集团人事经理对自己说的那番话，用电子邮件发给了那名辞职的员工，希望能对她有所帮助。

谦让是美德这话不假，但是过分的谦让只能让别人看不到你的能力，从而被视为无能者，无法得到重视。

有时候，你的处处谦让，只能说明你认为自己还不足够好，还没有足够的自信。

4

做人要谦让，适度的谦让的确能赢来别人的尊重和好感。但是同样，过分的谦让不止会让别人看轻你，践踏你的尊严，还有可能会让你失去很多梦寐以求的东西。

谦让得过了度，你就会变成软弱无能的代名词，会被人一次又一次地挑战你的底线。

谦让得没了原则，别人会把你当笑话，甚至认为你善良好欺负，从而无限地践踏你的尊严。

谦让得不想表现自己，只会让你永远地埋没在红尘中，失去很多出人头地的机遇。

谦让得过了分，别人会当你虚伪做作，甚至让人有一种不舒服的感觉。

所以，做人一定要时刻保持内心的清明，一定要该谦让的地方谦让，不该谦让的地方一定要据理力争。

如果你总天真地认为：

只要我不停地谦让，别人就会尊重我，认可我；

只要我不停地谦让，别人便会看到我美好不凡的品质，喜欢我；

只要我不停地谦让，我便能得到更多的清静和更广阔的天地，飞得更高跑得更远；

那么我现在告诉你，你这样的行为只代表了：

你的天真和极度的幼稚；

你对世界、对人生没有成熟清醒的认识；

你对自我价值体系的极度否认和不自信。

从古到今，有让出来的天下吗？从古到今，谁会因为无限度的谦让而千古留名？

生活如同战场，我们所得到的每一份荣誉，每一点成绩，都是我们努力厮杀征战的结果，而并不是靠努力谦让得来的。

你可以谦让，那只是适当的礼貌和必要的品性，但谦让绝对不是你脑门上的贴图和标志。更多的时候，你应该用你的努力和你的成绩来支撑起你的人生。

人活一世，与其在不停的谦让里让人看扁看轻，倒不如努力挺起自己的脊梁，在不卑不亢中，以中正直立的态度来迎接生活的每一寸阳光。

第二辑

最　怕
一　生
平庸无为,
还安慰
自己平淡可贵

⊙ 你挤不进比你优秀的人的世界，只是实力相差太远

1

在一次文化论坛上，青青姑娘认识了一个大神级的人物。

能认识大神，青青兴奋极了，忍不住在心里遐想："能跟这样的大神攀上交情，只要我努力对大神好，或者没准以后还能成为朋友呢！"

于是在会议现场，青青不止和大神合了影，还积极地想办法要到了大神的联络方式。回去后的几天里，青青都沉浸在认识大神的喜悦里。

一向大大咧咧的青青，竟然研究起了人际交往学。她研究的目的，当然是希望能学以致用，顺利地跟大神成为朋友。

人际交往学上说，新认识一个人，分开后第三天联络最好。因为通常过了两三天后的联络，不会显得你太热情而失了自尊，但又不至于让别人对你没了印象。因此青青等到第三天下午的时候，精心给大神编了一条短信。短信的内容无外乎很高兴认识大神，以及对

大神的崇拜。

尽管大神只是出于礼貌和尊重，淡淡地回了"谢谢"两个字，连带那个感叹号加起来，一共是三个字。可青青却抱着那三个字看了半天，她觉得那就是对自己莫大的鼓舞，激动得很久都平静不下来。

之后每次不管大小的节日，青青都要对大神发去自己的祝福和问候，大神的回复也永远都只是连带标点的那三个字：谢谢！

两年以后，青青再次跟大神重逢了。

由于两年的短信问候，青青见了大神，自然感觉比亲人还亲。热情地涌了上去，一脸关切地对大神嘘寒问暖，好像她们的关系已经到了很熟络的程度，不过这倒搞得大神满脸的尴尬。几次想发作，但又碍于人多不好发火，便只能冲着青青问："姑娘，请问你是谁啊？我们以前见过吗？"

青青一脸错愕，有点不相信地问："上次我们不是在某某活动上见过吗？我们还合了影！"

大神淡淡地说："原来我们见过呀？我事情一多，记忆力就差了！"

青青继续说道："我还经常给您发祝福的短信，您每次都回呢！"

大神笑了笑："出于尊重，只要看到信息，我都会回的！"

尽管青青心里很不是滋味，可是整个会议，她还是紧紧围在大神身边，反正她就是要让别人觉得她跟大神有交情。

这件事情之后，青青再给大神发消息，大神却连个"谢谢"也不会回了。

青青至此才明白，原来自己一心想跟大神成为朋友，而大神对自己只是出于礼貌的一种应酬。

2

自从悠悠在自己公司见过了周奈之后，她便一心想成为周奈的女朋友，尽管她和周奈之间有着天壤之别。

周奈是一家著名文化集团公司的总裁，不仅年轻有为，更重要的是由于从小良好的家庭环境，周奈还有着英国留学的经历，会三国语言。

而悠悠不过是公司的前台接待，周奈来公司洽谈业务的时候，在前台正好是悠悠接待的。在悠悠引导着周奈进了电梯之后，周奈说谢谢的同时，顺便夸了句"小姐你可真漂亮"。

就因为那一句夸赞，悠悠便觉得她和周奈有戏，便主动要了周奈的联络方式。

她把这件事情告诉了自己的好姐妹，并把自己详细了解到的周奈的资料也告诉了自己的好姐妹。原以为她的好姐妹肯定会支持自己，没想到好姐妹只一脸吃惊地问她："你没发烧吧？"

"你以为豪门是那么好进的吗？你也不想想，你除了漂亮以外，还有什么是可以与周奈相匹配的？像周奈那种类型的家庭，讲的一定是门当户对。这还不算，如果你真成为周奈的女朋友，以你的文化修养，你们之间的交流都会出问题，更别说幸福地生活了！"

悠悠却不以为然，甚至认为她的好姐妹不过是嫉妒自己认识了那么优秀的男人。很长一段时间，悠悠都不再搭理这个姐妹了。

不管别人怎么说，悠悠都决定试试！只要自己对周奈好，万一自己的诚心感动了周奈呢？

然后悠悠开始了自己锲而不舍的努力。

先是通过各种渠道打探周奈的嗜好，然后按照周奈的嗜好寄去自己精心挑选的礼物，因为周奈公司的地址，在网上一查便知。而且自从加了周奈的微信以后，更是每天时刻不停地刷着朋友圈，只要周奈一发朋友圈，悠悠肯定是第一个点赞并留言者。

总不能老收女孩子的礼物吧！起初周奈出于感谢，也邀请悠悠吃过饭并回赠了礼物。并一再告诉悠悠，虽然自己很感激，但请悠悠不要再寄礼物给自己了。

可是悠悠依然我行我素，她认为周奈能单独见自己，甚至还送自己礼物，一定是喜欢自己，只要自己多做一些让他高兴的事情，他一定会爱上自己的，到时候自己的幸福就指日可待。

而后悠悠便开始给周奈发一些网上转载的情诗，或者有点小暧昧的图片。

不是有句话叫：男追女，隔重山；女追男，只隔层纱吗？

果不其然，半个月后悠悠又收到周奈相约吃饭的电话。

悠悠开心得好半天心情都平复不下来，向单位请了半天假，去商场里买了新衣服，做了精致的发型。第二天下班后，悠悠画着精致的妆去赴约了。

等她到的时候，原本充满喜悦的心却瞬间暗了下去。

原来周奈并不是单独约她见面。

周奈优雅地坐在靠窗的位置上，而他身边还坐着一个十分高贵而优雅的女子。

周奈看到悠悠来了，热情地招呼着她在对面落座，然后揽过身边的女子对悠悠介绍着：

"这是我的女朋友丹妮，刚从英国回来，对这座城市不熟，以后如果悠悠小姐有空，还请悠悠小姐多多关照，带丹妮四处走走，我实在是太忙了！"

然后一脸宠溺地对丹妮说："这就是我经常向你提及的人特别好的悠悠，堪称这座城市的百事通，有了她的帮助，以后你对这座城市应该很快就熟悉起来了。"

一顿饭悠悠吃得味如嚼蜡，还没到主菜上完，便借故离开了。

3

动物寓言里，有这样一个意味深长的故事：

一只羽毛洁白，身姿矫健的海鸥从黑海一处美丽的海滩飞过时，看到了一只老鼠。海鸥像箭一样从天上俯冲下来，非常诧异地问这只老鼠："你的翅膀哪里去了呢？"

海鸥和老鼠属于不同的物种，他们讲的是不同的语言，自然听不懂彼此的话。

老鼠虽然不明白海鸥在对自己说什么，但是却发现站在自己面前的这个怪物，跟自己很不一样，身体上长着两个自己从来没有见过的很奇怪的东西，于是便一直盯着海鸥的翅膀看。

老鼠在心里嘀咕："它肯定是有病，可真是可怜啊！"

海鸥看见问老鼠的话他不作答，只是盯着自己的翅膀一直看，就小声地对自己说："可怜的小东西！它肯定是遭到海怪的袭击了，翅膀被抢走了；因为变哑了，所以才不会回答我的话。"

海鸥看到这样的老鼠，内心充满了怜悯："不能在天空翱翔，那应该有多可怜啊？"

海鸥这样想时，便决定帮老鼠一回。于是海鸥用嘴叼着老鼠，带着它腾空而起到天上遨游。它们越飞越高，耳边的风呼呼而过，海鸥内心想，这样至少能够给它带回昔日的回忆。在做完这一切以后，海鸥小心地把老鼠放回到了地面，他为自己做了一件善事而极度开心，便高高兴兴地飞走了。

然而在此后的几个月里，老鼠一直过得极不开心。因为他曾经高高地飞上天空，看到了一个宽广美丽的世界，而如今却只能在地上爬行。

过了很长一段时间，老鼠终于习惯再次作为老鼠了，而且认为在自己生命中所发生的那个奇迹，其实只不过是一个梦。

这个故事，可以从几个方面理解：

首先，不同世界的人，有着不同生活习惯和交流方式，因为接触的事物不同，自然对事物的看法和理解也不一样。

其次，即使机缘巧合，你真到了一个与自己原来生活大不相同的世界，那也只是昙花一现而已。因为那本身就不是你的生活，你融入不了，也不会习惯。

不能成为你的日常生活模式的经历和邂逅，都不是你的生活，更多的只是回忆里的碎片，它可以丰富我们的人生，让我们增长见识和阅历，但你绝对不要把它当成你自己的生活来经营。

4

我们都是听着童话故事长大的孩子，每个生活不如意的年轻女子，或多或少都有灰姑娘情结，总希望通过一场不一样的结交，来成就更灿烂的人生。总希望有一次机缘巧合的邂逅，一下子就能嫁给自己心仪的王子。

然而童话只是童话，灰姑娘即使嫁给了王子，但如果把他们拉到现实生活中来，他们不一定就会幸福。不同的见识，不同的人生阅历，不同的成长背景，必然会导致他们对人生有着不同的认识和理解，必定会在很多事情上存在着极大的差异与不和谐，这样又怎么会幸福呢？

如果你想进入比自己更优秀的人的世界，唯一的方法就是让自己变得跟对方一样优秀。这样自然会有人主动关注你，而不是用一些很低的姿态，去努力讨好你想接近的人，即使你跟他们有了短暂的交集，那也必然不会长久。

所以，实力永远是一个人行走世界的通行证。人这一生很长，与其把自己的时间浪费在去挤圈子、找存在感上，倒不如脚踏实地地增强自身实力。只要有了实力，人生的很多难题便会迎刃而解。

▶ 在靠实力的年代，不要总靠运气

1

在 201 宿舍，每次无论什么考试，朵朵总是她们宿舍考得最好的一个。

这让同室的姐妹十分纳闷：朵朵平日里跟她们一样同吃同住的，也并没看到她为了学业而付出额外的努力，她怎么回回考试都能得第一呢？

大家都非常好奇，有的姐妹便问朵朵："你是不是有什么秘诀，给我们传授一下？"

刚开始的时候，朵朵总是微笑着告诉大家："我哪有什么独门秘诀，不过是运气好罢了！说来也怪，好像每次我考试前复习过的题，在考试的时候都会出现！"

这样大家便深信不疑地认为，真的是因为朵朵的运气好。

很多人都羡慕朵朵的好运气，好多姐妹在考试前会开玩笑地搓着朵朵的手说："跟你来个近距离接触，我们也好沾沾你的灵气，争取这次考试考好一点。"

在又一次考试即将来临的时候，睡在朵朵对面的沫儿，在半夜口渴突然起来喝水的时候发现了朵朵的秘密。

原来朵朵所谓的运气，不过是在考前别人睡觉的时候，把自己睡觉的时间拿出来复习了，接连一周都是如此。

她总比别人付出多一点，所以每次自然就会考得最好。

2

同在一个写作群里，大家接受相同的培训，群里发布的征稿内容都是统一的，很多人一年了连一本选题都没通过。

当簌簌半年内拿出第三本书出来的时候，同在一个群里写作的文友们都炸开锅，大家纷纷称赞并祝福簌簌，有人充满羡慕地在群里说："簌簌，你运气真好！"

簌簌微笑着回应："是啊，我也觉得我运气挺好的！"

然后大家就七嘴八舌地就簌簌的好运气讨论开了：

"我怎么就没有簌簌这运气呢？"

"真是人比人，气死人啊！"

"就是，就是，改天到庙里去烧香拜佛了。"

主编实在看不下去了，终于在群里发话了："簌簌只不过是跟大家谦虚一下，她能有今天的成绩，你们以为她真的只是运气好吗？如果一次是运气好，她遇到了喜欢她文字的编辑。那么为什么在相同的环境，每次取得成绩的都是她呢？大家难道没有反思过问题的根源吗？其实我说这么多，只是想告诉大家一个实情，那就是籨籨从来不是靠运气，她靠的是努力和实力。我每次发布新的选题，问谁可以写的时候，有多少人能站出来？但是如果你们细心，你们就会发现，籨籨是那唯一一个每次都站出来的人。而那些选题，才开始的时候籨籨也不是一次通过的，总是改了又改，可是她从来都没有放弃过，更没有抱怨过。而你们呢？超过三回，还有人愿意再改吗？都是不了了之了吧？再说一个你们不知道的问题，每次就算选题通过，在预定的时间内有几个人能按时完稿的？大家每个人都有自己的事情，都有拖延的理由。而只有籨籨，每次都能按时完成，绝对不拖延一天。因为市场变化很快，很多选题都是有时效性的。拖延了时间，一旦过了市场的时效期，有的选题便失去了再做下去的意义。就算你写得再好，没了市场自然过不了稿。"

群里终于变得鸦雀无声了。

最后主编总结说："在这个靠实力的年代，我希望你们每个人能够通过自己脚踏实地的努力，去最终实现自己的梦想，而不是总想着靠运气。自身都没有努力，哪来那么多的运气？"

3

米苏是永安集团新来的员工。

刚进公司那会儿，因为人长得漂亮又会说话，在公司里对谁都笑脸相迎，且又是一副糯米团子的形象，自然受到大家的喜爱。

这本身是米苏的优势，按说有了这些优势，再加上自身的努力，米苏在永安集团的日子一定会过得顺风顺水。

可时间一长，事情却并没有按照大家设想的方向发展。

米苏太会利用自身的优势了，而且简直用到出神入化的境界了。

不管大事小事，只要是米苏不愿意做的，总能找到同事帮忙。通常只要米苏撒撒娇，跟同事调笑一下，甚至买些小礼品之类的，就能达到自己的目的。

同事们倒也不是贪图她那点小便宜，一来是因为她漂亮可爱，二来是都在一个屋檐下，谁还不找谁帮点忙呢？

然而米苏也正是利用了大家这种心理，所以她的目的总能达到。

但是，什么事情都得有个度，一次两次大家还可以接受，长此以往谁受得了？

同事们渐渐就对米苏有了看法。

因为每个人都有自己的工作，大家都拿着差不多的工资，你拿着工资，事情却总是让别人帮你干，别人又不傻。慢慢地，一些人就开始疏远米苏了。

而米苏却不以为然：你不愿意帮我还有别人，反正总有一个人会帮我。

有一天经理交代米苏写一个很重要的企划案，米苏还是像往常一样习惯找人帮忙，可是她找了一圈，却没有一个人愿意帮她，米苏一下子陷入了恐慌之中。

可她再恐慌也没用，企划案还得写啊！

最后实在走投无路了，只能自己硬着头皮来写。

可是平时她就不努力，又没什么真才实学，写出来的文案实在是差强人意。

经理一看交上来的文案，觉得不可思议：原本工作表现不错的米苏，今天是怎么了？

文案打回去写了三遍以后，仍然不过关。

经理无奈只能交给其他人去写，只是通过这件事情，经理终于知道了米苏的实际工作能力，很快她就被炒了鱿鱼。

在给米苏结算工资的时候，经理非常不客气地对米苏说：

"你还年轻，以后人生的路还很长！靠运气可以糊弄一时，但在这社会上生存，每个人还是要靠自己真实的实力，否则你以后的每一个明天，都将是今日的重复，望你好自为之！"

4

　　守株待兔的故事，大家一定耳熟能详。如果人生只靠守株待兔的侥幸心理去存活，肯定是行不通的。

　　在你看到很多人获得好运气的同时，不要嫉妒，更不要片面地理解为对方真的只是因为运气好。其实很多人的好运，都是他们在你看不到的地方，自己坚持不懈努力的结果。

　　你看到一个人在遇到困难时总有人帮助，那肯定是因为他平时就是一个乐于助人的人。

　　你看到一个人总会被一些很有能力的人去提携，那必然是这个人身上表现出来的一些东西，让那些有能力的人刮目相看。

　　你看到一个人好像很容易在一个领域获得了成功，其实他只是在你看不见的地方，默默地付出了无数的辛劳和汗水。

　　天时不如地利，地利不如人和。"人和"的根本在兵法里讲求的是得人心，而于个人的生活而言，则是追求自我的通达。实力上的欠缺，就是你人生严重失和的一种表现。

　　天时也就是我们所说的运气、机缘，只能靠一种被动地等待，所以天时不常有；同时，能够抓住那种机缘的前提是：你得做好准备。正所谓，万事俱备，只欠东风。如果你不做到万事俱备，即使有天时，你一样抓不住！

▶拥有空杯心态，昨天的辉煌不代表今天的灿烂

1

一家集团公司准备招聘一名总经理，到了最后一环，只余下甲乙两位竞争者，招聘方决定让他们一起进入最后复试。

甲踌躇满志，对胜出信心满满。

甲之所这么有信心，是因为他不仅毕业于全国数一数二的高等学府，而且还曾经在全国五百强企业里做过总经理。有了这种双重保障，他自然是有信心的。

而乙无论是从教育背景，还是以前的工作经历上来看，都比甲要逊色一些。

那么招聘方为什么还要把乙也留到最后，而不是直接确定甲呢？

原来在工作经历这一栏，甲填的工作经历是三年前的，而乙填的是最近的。

尽管表面上看，甲要比乙有优势，可是招聘方还是想看看，在最近的这三年里，甲都做了些什么，或者对本行业有什么独特的见解。

　　然后再让乙做出他自己的复述，这样两个人一对比，最后的结果便有了。

　　甲这三年里在尝试着自己创业，先后换了好几个行业，都没有成功，便又想重新返回职场。

　　而乙一直在这个行业里打拼。

　　最后复述的结果是：甲由于三年来与行业脱节，原本的优势已经变得不再重要；而相反，乙不仅观点新颖，对这个行业的发展趋势更是了如指掌，对未来又有自己长远的规划，最后的结果自然是乙胜出了。

　　过去的成绩，能代表的仅仅是你的过去，无论你过去如何辉煌，都必须得活在当下，活在今天。

　　特别是在瞬息万变的今天，信息的更新更是日新月异，半年不接触一个行业，都会发生很大的变化，更不要说几年了，因此与行业脱节是很自然的事情。

　　一个与时俱进的企业，更看重的是你现在的工作成绩，是你现在能够为公司创造的价值。即使你之前的成绩再辉煌，它仅仅只能代表你过去曾是一个优秀的人，不能保证和代表你能为现在的公司也创造相同或更多的价值。

2

　　心态决定命运，有什么样的心态，就决定了你会拥有什么样的命运和人生。

相传在遥远的古代，知了是不会飞的。有一次，它看见一只大雁在空中自由自在地飞翔，心里十分羡慕，觉得那才是它想要的生活。于是，知了便非常诚恳地请求大雁教它飞翔。

大雁看了看它弱小的身体，有点怀疑地说："学飞可是一件很辛苦的事情，你确定你愿意吗？你能坚持下去吗？"

知了非常坚定地对大雁说："我不怕吃苦，你就让我跟你学吧！"

大雁见知了说得诚恳，心想能够助人为乐也是一件开心的事情，便答应了。

可是等到真正学的时候，知了才知道原来学飞可比自己想象的要辛苦了很多。如果坚持下去，恐怕自己会累死。于是它便三心二意起来，一会儿东张西望，一会儿跑东窜西，学得极不认真。就连大雁给它讲怎样飞，它都听不进去，只简单地听了几句，便非常不耐烦地说："知了！知了！"

大雁见它说"知了"，便让它多练习着飞几次，它只好应付差事地飞了几次，见自己能飞起来了，就自满地嚷嚷着："知了！知了！"

秋天到了，天气逐渐地变得寒冷起来，大雁要飞到南方去过冬了。知了也很想跟大雁一起展翅高飞，可是它不停地扑腾着翅膀，却怎么也飞不高。

这个时候知了望着大雁在万里长空飞翔，十分懊悔自己当初太自满，没有努力练习。可是一切都已经晚了，它只好叹息道："迟了！迟了！"

如果你总是为了曾经取得一点小小的成绩而骄傲自满，却不知道要努力向明天看，总认为有了这样的成绩就足够了，那么你一辈子都只是一只坐井观天的青蛙，只能懊悔不已地像知了一样，就算你喊上无数个"迟了"。

获得远见卓识的制胜法宝，就是需要我们拥有空杯心态，在每一个今天再寻找一个全新的起点，而不是沉迷在想当年的成功里。

3

人生就是一个不断清空过去，再接受新知识，迎来新起点的过程，这就是非常著名的空杯心态理论。

空杯心态理论源于一个佛教故事：

古时候有一个佛学造诣很深的人，听说某名山一座寺庙里有位德高望重的老禅师，便想前去拜访。

到了那座寺庙之后，那位老禅师的徒弟接待了他，这个人有些不太高兴，心中想道："好歹我的佛学造诣已经很深了，也算是小有名气，老禅师却派了个小沙弥前来接待我，这也太看不起我了！"

后来老禅师出来了，他便表现得傲慢而无礼。以老禅师的修为，自然不会跟他斤斤计较。老禅师非常恭敬地亲自为他沏茶，但在倒水的时候，想着他对佛学还是有些悟性，便有心点醒他。

当茶杯已经倒满了之后，老禅师像没发现似的，继续不停地往杯里倒水。

他疑惑不解地问："大师，为什么杯子已经满了，您还要继续往里面倒呢？"

老禅师微笑着看着他说："是啊，既然已满了，干吗还倒呢？"

老禅师的意思是，既然你已经很有学问了，干吗还要到我这里来求教呢？

既然我们需要学习，就应该忘记自己所拥有的，而不是自以为是、骄傲自满。只有清空了以前的成绩，才能潜心学习。做人做事也一样，只有先把自己想象成"一个空着的杯子"，才能取得更大的发展。

4

很多人在面对生活时，总有一种郁郁不得志、才华无处施展的愤懑。

而这些总不得志的人，最主要的原因还是出在自己的心态上，那就是把自己看得太重了，而自己的能力又有限，这时候就容易造成一种高不成、低不就的尴尬。

不管是生活还是工作中，都需要我们有空杯心态。所谓的空杯心态，就是每当一件事情结束的时候，我们都要适时将自己的心灵清空。把那些自己曾经在乎的，放不下的，或者极为重视的名利和辉煌都从自己的心中清除，然后再重新开始。

一个装满水的杯子，肯定再也装不下水了，只有把杯子倒空了，新的水才能装进去。做人也一样，只有把自己的心清空了，把那些曾经拥有的放下了，才能放下身段去努力拼搏和奋斗，去补充新的知识和能量，从而达到新的高度，再创属于今天的辉煌。

孩子的手卡进花瓶拿不出来，妈妈打碎了一个价值三万的古董花瓶，最后发现孩子的手拿不出来是因为手里攥着一个五分钱的硬币。这个故事对我们最深的启发便是：很多的时候，我们抱着我们自以为有价值或者有意义的事情不肯撒手，而正是由于这种不肯撒手，实际上付出的代价却往往是我们抓住的东西的无数倍。

人生就是一个勇于攀登高峰的过程。只有还没征服的山峰，对我们来说才充满了新奇和魅力。每一座山峰，便是我们新的起点，只有不断地超越和挑战，我们才能登上更高的山峰。

人生是一场盛宴，而每一次我们所取得的成绩，不过是这场盛宴上的一道小菜，如果你总是抓住其中的一道菜不肯停下筷子，势必再也没有胃口去品尝其他的美味，人生自然会因此充满遗憾。

适时地给自己的心灵洗个澡吧！别让太多的曾经占据了我们的人生。忘记昨天，活在当下，愿我们的每一个今天，永远比昨天灿烂。

⊙ 人生不设限，没有最努力只有更努力

1

很多时候，不逼自己一把，你永远不会知道自己有多能干。

更多的时候，人活着就是一个信念，你觉得自己已经很努力了，可是再拼一把，你发现原来自己还可以更努力。

小的时候，学校经常组织越野赛跑，为了能取得好的成绩，体育老师对我们进行了特殊的训练。

起初我们只能勉强完成三公里。每次到达终点的时候，都会气喘吁吁地像一摊烂泥一样跌坐在地上，感觉心已不是自己的，怦怦的好像要跳出胸膛。

那时候，我们都认为自己很努力了，甚至还有些小小的自豪。你看，三公里那么长，我们都坚持跑完了。

可是有一天，老师却突然对我们宣布，这次是体育测试，成绩会记入期末考试的成绩，要求跑完五公里。

大家听了，顿时炸开了锅，怎么可能呢？跑完三公里都到了我们体能的极限，怎么能跑完五公里呢？

老师对这些议论充耳不闻，只是自顾自地命令着："今天我不要求大家追求速度，只要大家努力坚持跑完五公里，我便给每个人都记优。半途而废的，一律零分。"

大家还想抗议，体育老师已经吹起了出发的口哨，有些心态积极的同学便率先冲了出去。

大家一看，再不跑自己只会更落后，便只能跟在后面像抢食的麻雀一样，纷纷追着前面的同学奔跑。

跑完三公里以后，因为知道我们的目标是五公里，因此好像并没多少感觉。

跑完四公里的时候，终于开始感觉到体力不支了，可老师说了，这是考试，于是只能鼓励自己坚持再坚持。

慢慢地感觉腿已经不听使唤了，可是却没有要放弃的想法。因为心中不止有明确的目标，更有坚定的信念，就是一定要跑完这段距离。

终于到了终点，大家都有一种不敢相信的感觉：我们真的跑完五公里了吗？

体育老师微笑地看着我们，用非常肯定的声音大声地告诉我们："没错！你们全部完成了五公里，你们都是优秀的。通过这件事情，

我要你们永远记住，不管是学习，还是以后的生活，人生永远没有最
努力，只有更努力。”

　　你看，很多时候就是这样，你以为不可能完成的事情，只要你愿
意再努力一点，再坚持一下，就可以达到你想要的目标了。

　　从那以后，每次遇到我扛不住的事情，总是这样告诫自己：再坚
持一下，再努力一把，一切都会好起来。

2

　　很多时候，“最努力”不过是自己对自己的定位，而且是在没有
对照的前提下。

　　在没有了解女王以前，我一直觉得自己活得是最努力的。因为不
管之前我所面临的状况有多么糟糕，我都靠自己脚踏实地一步步走到
了今天，尽管中途也遭遇了困惑和迷茫，但是我始终没有放弃自己，
所以我以为自己已经是最努力的了。

　　直到某天，闺蜜把女王带到了我面前，了解了女王的故事之后，
我才发觉我自认为的“最努力”，在她面前简直不值一提。

　　女王在三十岁的时候，发生了婚变。离婚之后，她一无所有，可
是她并没有被这些困难吓倒，更没有向无情的现实屈服。

　　在离婚的第一年里，她靠给别人打工攒了极少的资金，而后凭着
自己出色的商业头脑，开始入股别人经营的小生意，两年后她开始自

己单干。

到如今只不过短短五年的时间，她不止有了自己的物流公司、美容工作室，还跟人合伙开了休闲娱乐城。

认识她的人，都认为她比男人还拼命。

可她说："只有努力地拼命，才会发现自己更多的价值。"

凡是认识她的朋友，都被她身上这种拼搏精神和气场所感染。我觉得，这样的女子，除了让人心痛之外，更多的是让人敬佩和敬畏。

有一次，我和她偶遇，于是相约一起吃饭。席间我们都喝了不少酒，我笑着对她说：

"来，过来让我看看，看看你的内质是什么构造？"

没想到她竟然红着脸说："你就别打趣我了。我只是每天鼓励自己，大家都是同样的人，别人能做到的，我通过努力也会做到。只不过比别人付出更多，自己更努力一点罢了！"

我很认同地朝她点点头，期待她再说下去。

她若有所思地说："人这一生，能够支持自己在任何条件下都不放弃、勇敢走下去的只有信念。在任何时候，都不要给自己设限，你只要相信你自己还可以更努力一点，你的人生将会因为你不断地再努力而更加精彩。"

如果我早点有她这份见地和认识，我想我一定比现在的我更好。

我默默在心底为自己加油："从现在开始也一样不晚，只是以后，我的每一个今天都要比昨天更努力一点。"

3

在演艺圈里，刘德华的努力是大家公认的，他不仅歌唱得好，戏演得也是一级棒。一路走来，这样的努力让他获得了很多荣誉和褒奖。

前几天，在北京举办的电影《摆渡人》的"喜剧嘉年华"发布会上，著名的王家卫导演竟然说："Baby 比刘德华还要努力！"

王家卫此番话的起源，虽然是为了回应之前网友对 Baby 出演《摆渡人》的质疑，但他能这样说，也正说明了 Baby 拍戏的努力是毋庸置疑的。

一个人要想快速得到别人的认可，最主要的方法不是看她说什么，而是做什么。只有用自己的实际行动来征服别人，才能得到更多的尊重。

一个人愿意为了自己的理想、事业不断地去努力，本身就能折射出特殊的人格魅力，自然会吸引到更多的资源和帮助。

不给自己的人生设限，很多时候需要莫大的勇气，不设限就意味着不断地超越，不断地接受新的挑战。

这是发生在我身上一件真实的事情。

以前在经营茶庄的时候，总是一边敲打自己喜欢的文字，一边却因为店里来了顾客而不得不放下，故而一篇文字，总是写写停停。有些时间，几天也写不完一篇两三千字的随笔。后来就慢慢养成了写文有些拖沓的习惯。

从那以后，我便认为自己写文是写不快的。

前几日不幸扭伤了脚，连站立都成了问题，自然只能坐着不动。

既然不能做其他的事情，那就努力码字吧。

那时突然有了挑战自己的想法，想看看如果真正地安静下来，自己一天到底能码多少字，还能不能回到以前的状态。

最后的结果连我自己都吃惊了，一天下来，我竟然写了一万多字。

欣喜是不言而喻的，但更让我明白了，这么久以来，一直束缚我自己的，只是我的思想而已。并不是我文章写不快，而是习惯成自然的心态在作怪，我就像一只吐丝的蚕一样，把自己困在了自己织就的心茧中。

很多时候，如果你在心中给自己定了位，事情便只能朝着你所定位的方向发展。

4

不设限的人生，总能让我们飞得更高更远。

你认为自己是懦夫，你便会胆小怕事，怯懦只会让你的人生无限下滑。

你认为你自己是雄狮，你就能学会捕杀猎物的本领，然后成为草原的王者。

你认为自己是美丽善良的，你必然会努力完善自己并提高自身的修养，然后你就会变得一天比一天美好。

你觉得你是能干的，你就会竭尽全力地把每一件事情做好，你的能力也会因为你的努力而得到不断地提升。

与其每天抱着那些无力的麻醉剂看着别人的幸福生活而兴叹，倒不如从现在开始，抓住每一寸可抓住的时光，让自己像奔驰在马路上的车轮一样，永远滚滚向前。

张爱玲说，出名需趁早；我说，邂逅那个更好的自己，也一定要趁年轻。

你真的没有那么多的时光可供蹉跎！当你把更努力当成一种习惯的时候，站在哪里你都是风景。

▶你在漫不经心，而别人志在必得

1

很多事情，当你认为不那么重要的时候，并不代表做事本身没有输赢。有时候，事情的真相就赤裸裸地摆在那里，你想视而不见都不行。

带小叶子去参加快乐阳光少儿组的歌唱比赛，这是一次全国比赛的区域选拔赛，虽然举办方一直说规格和要求都很高，但是小叶子却很顺利地杀入了复赛，这让我倍感欣慰。

心中更是窃喜小叶子在音乐方面，还是很有些悟性的。

初赛之后一个月，便是复赛。因为小叶子还是一个小学生，每周除了正常的上课之外，我们并没做过多的练习。

我一直相信，以小叶子的天分，在复赛中必然也会取得不错的成绩。

复赛那天，当我们到达现场的时候，还是被吓了一跳。

那舞台，那灯光，不亚于一场明星演唱会。

小叶子抽了签在后台等待上场，我在前台观看比赛。

随着比赛慢慢深入，上场的人越来越多了，原本还自信满满的我，却变得紧张起来。

我紧张的原因是台上的那些选手，每一个都是经过精心准备的，而只有我没把这场比赛当回事。

看着舞台上那些漂亮的演出服，华丽的伴舞阵容，我觉得我们简直就像打仗没带枪的人一样。我给小叶子准备的演出服，不过是几十块钱随便在网上买来的舞蹈服；小叶子也没有伴舞，唯一能依靠的便是她真实的唱功。最让我不能忘怀的是，一个选手不仅演出服华丽无比，伴舞倾心卖力，还在台下准备了特殊的啦啦队。

啦啦队准备了三块非常醒目的大牌子，上面不仅印着选手的照片，还印有"微笑、专注、感情"六个醒目的字眼。而这六个字眼却关系到除了唱功之外，演唱是否能够取得好成绩的关键。

选手只要登台，目光平视过来，这牌子上的字便一目了然地记在了心间，更能时刻提醒着她按这个要求去做。

我被她们感动了，这才是参加比赛应该有的样子。

看到这样的场景，我知道小叶子没有任何的优势和加分项了。

小叶子唯一能做的，便是用心把歌唱好，评委也只能干巴巴地盯着小叶子的唱功来打分，这必然会让她吃亏不少。

轮到小叶子上场了，灯光打在小叶子身上，那廉价的演出服一下子显得黯淡又陈旧。尽管小叶子在舞台上的表现力不俗，但也没有特别出彩，让评委眼前一亮的地方。

也许是第一次在这么大的舞台演出，相反小叶子还显得稍微有点拘谨，小叶子还没演唱完，我心里便已经预知了最终的结果。

小叶子演唱完了后，跟我一起坐在台下看其他选手的演出，然后一起等最后的成绩出来。

其间小叶子一直紧张地问我："妈妈，我是不是今天没唱好？你好像看起来不太高兴啊。"

我只能摸着小叶子的头安慰她："没有的事。输赢不重要，重在参与，你用心完成了比赛便可以了。"

其实我是真的很不开心，为自己没有用心为小叶子这次比赛精心做准备而不开心。

果然成绩出来以后，小叶子只得了铜奖。

而那个在各方面都准备得很充分的小女孩，得了金奖。

2

对于小叶子的学习，我一直奉行的观念是，差不多就行了。总觉得童年的快乐，比孩子的学习成绩更重要。

就是这一差不多的理论，导致小叶子直到现在对学习依然没什么兴趣。

上次期中考试，看着小叶子的成绩跟同学的差距，我忍不住对小叶子发了火。

小叶子自然委屈得直掉眼泪。

一个跟我关系很好的朋友看到这种情形，忍不住问我："你还要孩子如何？"

我说："你看看她的同学小美，人家为什么能考得那么好？她们可是一起上了几年，以前成绩也一直差不多啊！"

朋友突然就笑了，说："你说的小美我认识。她的情况你了解吗？你只看到了她取得的成绩，你知道她为此付出了多少吗？"

我摇摇头。

朋友说："我来告诉你。小美从周一到周六，除了正常的上学之外，基本没有休息的时间。英语班、学而思、作文阅读……学校里的每一项在学完之后，都会到外面报补习班。她不管是在接受知识的层面上，还是在学习时间上，都是小叶子的双份，所以，你拿什么跟人家拼呢？如果你真想让小叶子取得和别人一样的成绩，那你就得像她们一样，付出更多的努力。如果你自己在这件事情上根本没怎么付出，只是抱着一种漫不经心的态度，你有什么资格要求孩子拿到你想要的结果呢？"

听了朋友的话，我顿时羞愧得满脸通红。

是啊！我自己都用一种漫不经心的态度来对待这件事情，我何以这样要求孩子呢？现在孩子还小，她学习不好一大部分的责任是在我这个家长身上。

很多时候，我们本身并不比别人差，差就差在对事情那种漫不经心的态度上。

尤其是在孩子的教育上，如果作为家长，总是以一种漫不经心的态度来对待，孩子自然就更不重视了。

在相同的起点面前，态度决定一切。

很多时候，当你在漫不经心的时候，而别人却志在必得。

也正是这种志在必得的心理，会让很多平常看似不起眼的人，突然在某个行业里脱颖而出。

3

历史上两场非常著名战役的胜利，也正是由于统军主帅懂得利用士兵这种志在必得的心理，大大地提升了士气，从而才取得了最终的胜利。

一场是巨鹿之战时有名的"破釜沉舟"的战役，据《史记·项羽本纪》中记载：

秦将章邯击破了楚军主力之后，认为楚军元气大伤，于是撇下他的手下败将项羽的军队不管，带领他的大军北渡黄河，去攻打当时自称赵王的赵歇。赵王的军队对秦军毫无防备，一战就败，只好退到巨鹿固守。

章邯派大将王离把巨鹿城围困得如铁桶一般。

赵军被围困，便四处求救。燕齐两国援军早就赶到了，但一见秦军势力强大，谁也不肯充当那碰石头的鸡蛋，便都缩头缩脑地在离秦军很远的地方驻扎下来。

而楚怀王接到赵王求援的书信，派宋义、项羽等北上救赵。

当一向勇猛无比的项羽担任了援赵大军主帅之后，下令士兵每人带足三天的口粮，然后又下令砸碎全部行军做饭的锅。将士们都愣了，项羽说："没有锅，我们可以轻装前去，立即挽救危在旦夕的赵国。至于吃饭嘛，让我们到章邯军营中取锅做饭吧！"大军渡过了漳河，项羽又命令士兵把渡船全都砸沉，同时烧掉所有的行军帐篷。

战士们一看退路没了，这场仗如果打不赢，就谁也活不成了。

项羽指挥楚军很快包围了王离的军队，同秦军展开了九次激烈的战斗，渡河的楚军无不以一当十，个个如下山猛虎，奋勇拼杀。战场之上，沙尘蔽日，杀声震天。楚军将士越斗越猛，直杀得山摇地动。经过多次交锋，楚军终于以少胜多，大败秦军。

而另外一场，就是背水一战的战役。

汉高祖三年（公元前204年）十月，韩信率军攻赵，穿出井陉口，命令将士背靠大河摆开阵势，与敌人交战。韩信以前临大敌、后无退路的处境来坚定将士拼死求胜的决心，最终大破赵军。

我们在面对人生抉择时，是否有"破釜沉舟"和"背水一战"的勇气呢？

如果任何事情都以这种志在必得的心态去完成，我们的人生又会少掉多少遗憾呢？

4

人生如此短暂，在志在必得的年纪，为什么你还要漫不经心？

你是真的不在意，真的愿意漫不经心，还是仅仅在为自己的懒惰找借口？为自己的不思进取找遮羞布？

当别人获得成功时，你真的不羡慕吗？

是真的不羡慕，还是怯懦地把漫不经心当幌子？

也许在没人的角落，你会一边愤愤不平地嫉妒着别人，一边又自欺欺人地拿自己只是漫不经心做挡箭牌，用阿Q精神来安抚自己那颗躁动不安的心灵。

原本，很多人的起点是相同的，只是一些人选择了志在必得地向前奔跑，而另外一些人则选择了漫不经心地散步，时间一长，差距自然显露出来了。

那些一直奔跑的人，早已成了社会上的中流砥柱。

而你还在夸夸其谈向别人炫耀，当年我和他曾一起如何如何，岂不滑稽可笑？

　　说这些话的时候，你有为自己感到羞愧吗？

　　透过现象看本质，漫不经心的背后，真正隐藏的不过是你的懒惰，你的不思进取，你的虚度光阴。

　　世界上的人这么多，在这个分秒必争的时代，没有人能够凭借漫不经心过好这一生。也许有些人表面上看来是以一种漫不经心的态度在对待生活，但是他们却在你看不见的地方拼命努力。

　　这世界，对待每一个人都是公平的。如果你想要拥有一段锦绣人生，就要学会从现在开始志在必得。

⊙ 最怕一生平庸无为，还安慰自己平淡可贵

1

木木大专毕业后在古城工作，因为和我是同乡，所以我们的联络慢慢多了起来。

木木的工作是一个电脑商城的检测员，工作没有什么出彩的地方，生活因此过得马马虎虎。

唯一能让木木聊以自慰的，便是他能弹得一手好吉他，这也成为木木吸引女孩子并引以为傲的资本。

据说当年他的女朋友，就是被他的歌声吸引了，慢慢由聆听变成了陪伴，由陪伴变成了同居，后来同居就变成了永居。

木木生在农村长在农村，父母都是地地道道的农民，他们自然没有什么能力为木木创造好的物质条件。木木媳妇跟木木结婚的时候是裸婚，当时两个人照了几张合影，领了结婚证以后，老乡朋友围了两桌子吃了一顿饭，就算把婚结了。

在这个物欲横流的年代，当时很多人都佩服木木媳妇的勇气。那

个时候木木媳妇一脸幸福地憧憬着：我相信他一定是个有担当的男人，我们一定会有更幸福的未来。

木木曾经在一次跟我聊天时说过："我这一生，也没有什么大的志向，能弹自己喜欢的吉他，生活够温饱就行了。我喜欢平淡的生活，平平淡淡才是真。"

我当时就说，其实那样的生活才更难，只是当时木木没懂我的意思。

每天工作结束之后，木木总背着他那把红棉吉他，在这个城市的夜色里流浪。有时候是新城广场，有时候是南门桥洞，有时候他也会来我所住的师大天桥。

起初木木的媳妇倒还支持他保留这样的爱好，反正又不是什么不良嗜好。可是随着孩子的出世，生活开始捉襟见肘，有时候还需要娘家的接济，木木的媳妇便开始急了，一次次地跟木木吵架。

木木媳妇总说："你也是当爹的人了，能不能上进一点？不要总抱着你的梦想不放，你弹吉他能养活我和孩子吗？生活在大城市里，孩子的生活，以后的教育，哪一点不需要钱？"

每当这时，木木总是以一副不可理喻的态度对他媳妇说："你认识我的时候，我就是今天这个样子，你怎么变得这么不讲道理了？"媳妇只能委屈得泪水往肚子里咽，而这个时候，木木也感觉很委屈。

这是木木媳妇一次打电话向我诉苦时说的情形，她希望我能好好劝劝木木。

上周末晚上九点的时候，木木给我打电话，问我能不能出来一趟，他在师大天桥演唱。

本来我想说已经很晚了，可在电话里感到木木明显低沉的语气，我猜想他是不是又跟媳妇吵架了，估计有什么事情吧！迟疑了一下，便答应了。

等我赶过去的时候，木木正抱着那把吉他靠在天桥的栏杆上，手里拿着一罐啤酒，远眺着车水马龙的城市夜色发呆。

我走过去叫他，他转过身来一脸的迷茫和忧伤。

我心里一惊："你没什么事情吧？怎么这么晚了还不回家？"

木木苦笑了下："你能陪我聊聊吗？"

他顿了顿继续说："媳妇前几天跟我吵架，回娘家去了。临走前撂下狠话，如果我再不努力生活，还是这样子，她就要跟我离婚。"

我决定与他好好聊聊，便带他去了附近的转角咖啡。

刚坐下，木木便无限感慨地问我："姐，你说，现在的女人怎么都这么现实？结婚前还好好的，怎么婚后就变得只认得钱？"

我没接木木的话茬，盯着他的眼睛看了一分钟。

木木急了："姐，你说话呀！你这样盯着我看，怪吓人的。"

我一脸严肃地问他："你是想听真话，还是假话？"

木木也急了："我能找你，肯定是想听真话了！"

"那好！如果我是你媳妇，我也会跟你离婚！"

木木有点惊诧地看着我："姐，你别跟我开玩笑了！怎么会呢？我没做错什么啊！"

我说："表面上看，你是没做错什么！每个人都有选择怎么生活的权利，那是自己的追求，与别人无关。而实际上，你错大发了！"

我喝了一口咖啡继续说：

"你是一个男人，你对妻儿是有责任的。你喜欢平平淡淡才是真，可是这种真是建立在你能为他们创建最基本的生活保障上。可是今你做到了吗？你连她们最基本的生活都保障不了，你怎么好意思说平平淡淡才是真呢？"

木木的脸刹那就红了，还想分辩什么，我继续说道：

"其实你媳妇已经很好了，一个女孩子能够跟你裸婚，在这个时代真的不多见。如果你是个爷们儿，就应该努力地担起一家生活的担子，而不是让她整日为你去操心，甚至还要靠她去娘家借债度日。你现在这样，不止你媳妇委屈，我也很看不起你！"

木木低下头去，陷入了长长的沉思。

我知道他需要时间消化，便不打扰他，自己静静地喝着咖啡。

果然片刻之后，木木再抬起头的时候，眼睛里已没了刚才的迷茫。他懊悔不已且一脸坚定地对我说："姐，你说得对！我明天就去接媳妇回来，以后一定好好生活。"

临分别的时候，我对木木说："加油！姐期待着，若干年后，你真能过上你喜欢的平平淡淡的生活。"

木木微笑着跟我道谢："谢谢你！姐，一定会的。"

说完木木大踏步走进了浓浓的夜色里。

2

Lindy 从加拿大回来了，而且是非常高调地回来了。

先是在同学群里发了宴请大家的邀请函，地点是在市中心的凯瑟国际酒店。

而后又在微信群里晒出了送给每个同学的礼物，都是一些国际大牌的护肤品。

当苏丽走进富丽堂皇的凯瑟国际酒店中餐厅蔷薇苑看到光彩夺目的 Lindy 的刹那，立刻产生了一种想悄悄掩了门退出去的冲动。

无奈 Lindy 眼尖，一下子扑过紧紧地抱住了苏丽："亲爱的，十年没见了，真的想死我了！"

面对 Lindy 的热情，让苏丽多少有些不适应，并不是苏丽淡忘了这份友情，只是如今的 Lindy 和她之间的差距，让她有一种不由自主的疏离感。

简单地跟 Lindy 寒暄了几句之后，苏丽便想找一个离 Lindy 远一点的位置坐下。无奈 Lindy 却死死地把她按在了自己的身边，这更让苏丽如坐针毡了。

有喜欢关注品牌的同学窃窃私语着："Lindy 可是我们同学中的佼佼者了！你看光她这一身上下的行头，少说也值个十多万呢！"

"这算什么呢！据说 Lindy 回国后的年薪，是七位数！"

"难怪人家奢侈，人家有那个资本。"

Lindy 明显感觉到了苏丽的沉默，便一个劲夸苏丽在上学那会儿如何出色，如何照顾自己，和自己是如何的亲密。

大家便都配合地夸赞着她们的友谊。

一顿饭大家吃得宾主尽欢，Lindy 更是春风满面，只有苏丽郁郁寡欢。

回家的路上，苏丽坐在出租车里，看着城市里阑珊的灯火，心里很不是滋味。

分开时，Lindy 还说改天要来她家里坐坐，真不知道她看到自己现在的生活会作何感想。

苏丽和 Lindy 本是一对形影不离的好姐妹，只是后来的选择不同，便有了截然不同的人生。

大学毕业后，Lindy 选择了出国深造。当时在机场分别的时候，Lindy 拥抱着苏丽无限激情地说："希望我们都能成为最好的自己。"

如今 Lindy 真的做到了，而自己呢？

其实刚毕业的时候，苏丽也踌躇满志地想干一番自己的事业。

可是家里人总说，女孩子没必要那么拼命，这一辈子平平淡淡就幸福了。

因此苏丽经过再三思考，便选择了考公务员，因为这个职业相对比较安逸。

苏丽的老公也是一个普通的公职人员。这些年两口子不仅要负担孩子的养育，还要负担双方父母的生活，日子过得实在不怎么宽裕。

每次看到别人优越的生活时，苏丽便心生羡慕。她也不是没想过自己再努力奋斗一下，只是每次跟老公商量的时候，老公总是说：

"瞎折腾啥呢？我们这样生活，不是挺好的吗？又饿不死你！你以为经济条件好的人，就过得幸福，那可未必！再说现在商场风险那么多，我们就这么一点收入，你能赚钱还好，如果赚不来，我们不是更难吗？"老公不同意，苏丽只好放下了这个念头。

平心而论，在上大学的时候苏丽比 Lindy 出色，而如今只不过十年的时间，Lindy 就甩了她好几条街。

苏丽不由得在心里感慨着，生活就是一种心态，你甘于平淡，你便只能变得更加平凡和普通；你若选择努力奋斗，你便会变得越来越强。

谁不渴望成功呢？当她看到 Lindy 的一刹那，其实她明白那就是自己一直想要的生活。这些年实在是她自己这种平平淡淡才是真的想法麻痹了自身的追求。

　　面对现在这样的生活，她甘心吗？明显的不甘心，可是一时间却也无能为力。

　　所以苏丽最初选择的平凡，反而变成了束缚她的牢笼。

3

　　在一个公众号里看过一篇文章，一个女孩子曾高调地喊出，自己一定要嫁有钱人。而最后，她也确实通过自己一步步的努力，实现了梦想。尽管开始有人嘲笑这个女孩子过于功利，但当最后她通过自己的努力把自己的能力变得与自己的梦想相匹配的时候，大家便只有敬佩了。

　　很多时候，给自己定一个高一点的目标，然后去一步步努力实现，你会发现自己将越变越好。如果一开始你就把自己定位在很低的位置，最终的结果是你只能低到尘埃里。

　　在生活面前，人人都是平等的，很多人在起点上都一样。然而就是你那种不上进，不努力的人生态度，才让你的生活最终一点点地垮掉了。

　　你选择了什么样的心态和生活，你便会有什么样的人生。

　　你选择了平淡，就不会遭遇生老病死，不需要吃穿用度了吗？

　　你选择了平淡，就不会遭遇欺骗背叛，人际纷扰了吗？

　　你选择了平淡，就能生活得开心幸福，没有忧愁和烦恼了吗？

你选择了平淡，你就不会遇到无能为力，遭遇天灾人祸了吗？

如果这些，在无论平平淡淡还是轰轰烈烈的生活中都是必须要面对的问题，我们何不像鲜花一样，热烈地开过这一季？

无论生活和人生，所拼的无非就是一个信念。

我很欣赏范冰冰曾说的一句话："不嫁豪门，我自己就是豪门！"范爷的话掷地有声，那是因为她真的有那个资本。

一个人只有拥有的越多，自我选择的权利才能越多，自由度才会越高。你的不凡，必然是建立在你已经做到了不平凡之上，必然是建立在你拥有了不平凡的能力之上。

所以在我们对自己说平淡可贵的时候，我们首先要问自己是不是真的甘于平凡，是不是在看到别人成功时真的不心生羡慕。

其次便是面对生活、面对一些突发事件时，我们所谓的平淡可贵，能否带给我们足够的承担能力？

如果这两者都不能，那么就继续脚踏实地努力吧，不要一味安慰自己什么平淡可贵。

▶ 付出可以不求回报，但必须值得

1

殷乐土生土长在西安，毕业后便留在西安一家合资企业工作。

从小在皇城根下长大的姑娘，让殷乐的性格里不止浸染了历史名城的包容大气，也融进了热情和开朗。而且，她还是一个乐于助人的姑娘，身边的朋友都亲切地称呼她"乐乐"。

很多认识和了解殷乐的人总喜欢跟她打趣："是不是当初你家里人给你取名字的时候，就知道你长大后会经常帮助别人？"

每当这时，殷乐总是调皮而狡黠地眨着眼睛说："是啊！当初我爸爸给我取名字的时候，就已经算好了！"

大家便会跟着哈哈大笑起来。

当然这只是一句玩笑话，殷乐到底帮过多少人，她自己也记不清楚了。

经常有一些曾经受过乐乐帮助的人，来对她表达感谢，乐乐每次都觉得有些不好意思。因为她在帮助别人的时候，从没有想过要回报。

她觉得自己能够帮助到别人，是一件非常开心的事情，这也体现了自己做人的价值，她想要的并不是别人的感谢。

有一天，乐乐像往常一样去上班，刚走到办公室的长廊里，就被单位一个新来的女同事悄悄拉到了一边。

新来的女同事有些不好意思地对乐乐说："我早上上班的路上，钱包被小偷偷走了。我刚刚新到这个单位，跟其他人又不怎么熟悉，之前总听大家说你经常乐于助人，所以我想跟你借点钱应应急，这个月发工资我一定还你。"

乐乐一听，立即从皮包里掏出钱包，抽给女同事五百元，然后问："够不够？"

那女同事迟疑了一下说："能借给我一千吗？我怕五百撑不过这个月。"

乐乐看了一眼钱包，里面只剩下一千块钱了，但她还是没犹豫，把剩下的五百也借给了女同事。

既然要帮人，就一定要帮到底，这是殷乐大气的思维。

接下来的一个月，乐乐靠省吃俭用撑了过来。

终于到了发工资的时候，不巧的是，乐乐的手机坏了，需要新买一部。于是她想起了借给那位女同事的一千块钱。

乐乐想着都是单位的同事，直接开口向她要又不好意思，便发了微信问她手头是否方便，并说明了自己手机坏了想买新手机的事情。

结果乐乐等了三天，也不见那个女同事回应。

没办法乐乐只好找她当面问问。

乐乐不问还好，一问那女同事竟然一脸不屑地说："你不是很愿意帮助人吗？怎么一千块钱你也找人要？"

乐乐被她说得一分钟没回过神来。

旁边的同事实在看不下去了，便帮着乐乐开腔了："再乐于助人，也要看助什么人。就像农夫与蛇的故事里讲的一样，你帮了它还被它反咬一口，这样的人帮了不如不帮！"

那女同事这才极不情愿地拿出钱包，抽出一千块钱撇给了乐乐。

从那以后，乐乐再也不那么没心没肺、遇到什么人的求助都慷慨解囊了，她会认真思考，自己的付出是不是真的值得。如果帮人却帮出一肚子的气来，又是何苦呢？

2

前几日跟阿梅吃饭时，听她讲了一个发生在她自己身上的事情，听后让我哭笑不得。

阿梅在公司是出了名的老好人。

不管公司里谁有事，只要她知道，都会义无反顾地帮忙。尽管很多时候常常因为一些鸡零狗碎的事情被搞得疲惫不堪，可她还是乐呵呵地跑前跑后。

像帮同事们带个饭，谁有个头痛脑热的买个药，更是不在话下。

她甚至还自编了顺口溜："我是同事们的一块砖，哪里需要哪里搬。"

有一天中午她有朋友来访，跟朋友在外面吃饭时多待了一会儿，由于餐厅里环境嘈杂，她并没听到手机响。等到下午快上班的时候她才回到单位，这时单位新来的女同事走了过来，冲她非常不友善地质问：

"阿梅姐，你到底怎么回事啊？"

阿梅疑惑不解地问："我怎么了？"

新来的女同事愤愤地说："就算不给我带饭，也得给我说一声吧？我都快饿死了，打你电话你竟然也不接，太不尊重人了。"

阿梅终于听明白了，原来就因为自己今天有事没帮她带饭。

阿梅听了这话，心里多少有点不高兴，于是反问说：

"我今天走的时候，你也没说要我帮你带饭啊？所以为什么我必须得给你带饭呢？"

女同事也不甘示弱："以前每次不都是你在给大家带饭吗？"

阿梅这次彻底清醒了，也终于被激怒了，不客气地回敬道：

"我看你搞错了！我没有那个义务天天给大家带饭。我愿意帮谁带饭，那是因为我心里乐意；我不乐意带，或者因为我有事不能带，也并没有什么不对。所以，你不需要这样兴师问罪地来质问我。以后要想吃饭，自己去买！”

说完阿梅扭头走了，只留下那个同事呆在了原地。

我听完阿梅的倾诉，特别支持阿梅最后说的那段话。

很多时候，当你一心一意地为别人付出的时候，虽然你不求回报，但一定要值得。否则，别人只会理所当然地享受着你的服务，甚至稍稍有了不满意便来指责你。

3

心儿再次来向我倾诉，说她的男朋友对她的辛苦付出总是接受得心安理得，好像这一切都是心儿应该做的。更为卑劣的是，他竟然跟他的哥们儿说，心儿不过是他手里的一团泥，他想捏成什么样儿便捏成什么样儿。

当心儿在他们宿舍门口偷偷听到这一切后，整个人就傻了，然后哭着来见我。

“傻姑娘，放手吧！他不值得你这样付出。”

心儿还以为我会劝她，不相信似的看了我很久，然后用非常羸弱的声音问我：

“姐，你说的是真的吗？”

我反问她：“你看我那一点像不认真了？”

心儿哭得更厉害了。

　　我知道她需要一个宣泄的过程，便任由她哭个够。

　　其实她心里又何尝不明白？只是不愿意接受这个事实罢了。都说恋爱中的女孩子是最痴最傻的，有时候明明知道对方不爱自己，可是只要对方给自己一个灿烂的微笑，哪怕前几秒还哭得梨花带雨，后一刻立马也能笑成三月里的桃花。

　　事情还得从半年前说起，那个时候，心儿看到俊涛的第一眼，便被他的玉树临风所倾倒了。起初的时候，俊涛对心儿只是有好感，可是心儿对俊涛却早已情愫暗生。

　　很快他们便谈起了恋爱。

　　交往之后，俊涛便开始对心儿不冷不热的。心儿每次给他发消息他也会回，打电话也会接，就是从来不主动找心儿，更不会主动说爱心儿。

　　很多时候，心儿一条条地发着朋友圈，心儿的意思再明显不过了，就是希望俊涛能够主动问候她一下。

　　可是，心儿却什么也没等到。最后，心儿还是忍不住思念主动去联系俊涛。

　　这样循环往复久了，心儿越来越感受不到俊涛的爱，所以常常觉得孤单而委屈。

　　用心儿自己的话说，感觉交了男朋友跟单身没什么区别。

　　有时候心儿也会闹闹小性子说要分手，俊涛也会象征性地哄两句，可哄完以后，俊涛依然我行我素。

每当心儿觉得心里没底的时候，便来找我倾诉。

恋爱中的女子，如果感觉到对方的爱一定会是幸福的，但如果感觉不到对方的爱，就会像一只迷途的羔羊，不知所措，不知该走向何方。

不管大小节日，心儿总翻新着花样送给俊涛心仪的礼物。而俊涛却很少送心儿礼物。

我常常对心儿说："一个男孩子若真心爱你，根本不需要女孩子这样主动。"

可心儿说："我就是爱他，就是忘不了他，只要他愿意理我，我就愿意跟着他。我相信总有一天，我可以感动他的。"

一年过去了，心儿还是没等到自己想要的幸福。

心儿终于哭够了，抬起头仍然很不甘心地问我："姐，真的不值得吗？可是他偶尔也说爱我呀！我真的要放弃吗？"

我摇摇头说："你还在为他找理由，那只是因为你是真的爱他。而他真的不值得你爱，他所留恋的只是你对他的好罢了。一个真正爱你的男人，怎么舍得你为他整天流泪？如果他真想你，怎么会不主动找你？"

心儿听了我的话，沉默地低下了头，慢慢摆弄着手机，用一副惨兮兮的表情，把手机递给了我：

"姐，你帮我把他一切联系方式都删除了吧！我下不去手……"

　　我白了她一眼："删除联系方式只是一个形式，你要学会真正把他从心里删除，这样的男生，哪一点还值得你留恋？"

　　心儿勉强挤出了一个笑容，果断地删除了俊涛所有的联系方式，我知道这一次心儿是真的决定放弃了。

4

　　很多时候，我们总抱着宽容、大气的心态不求回报地对别人付出，殊不知在一些不懂感恩的人眼里，你只是个傻瓜。

　　你觉得不求回报只是做了自己应该做的事情，而别人则把你的心甘情愿、不求回报当作理所当然。

　　你觉得不求回报地爱一个人是爱情里最高的境界，而一些别有用心的人却会一边贪图着你的好，一面偷偷在背后嘲笑你。更甚者还会把你不求回报的付出，当作向他人夸耀的资本。

　　我们可以不求回报地做一件事情，前提是这件事情必须值得，这个人必须值得。

　　否则，你不求回报的付出，就会成为助长歪风邪气的养料，无端地给那些自私自利的人可乘之机，让他们在尝到利益尝到甜头的时候，一次次地把罪恶之手伸向那些善良的人。

　　当我们面对那些充满正能量、对社会有益的事情时，可以不求回报地付出。因为，总有人会在这种温情的光芒里感受到别样的温暖，这便是美好情怀和精神的良性传播。

这世界需要爱的传播，需要温暖的传播，需要正能量的传播，更需要正义的传播。

点亮一盏心灯，愿我们不求回报的付出，都能遇到对的人和对的事；愿我们所有的付出都能值得，愿这世界每个人都会被温柔相待！

⊙ 在必须奋斗的年纪，不要选择安逸

1

拥有安逸的生活，是很多人一生的梦想。那么，什么是真正的安逸呢？

尽管每个人的定位不同，但至少它应该包含这样一层意思：不管在何时何地，这种安逸都应该能带给你舒服轻松的生活环境，让你不会为明天感觉到焦虑。

认识文铃是因为一次旅行，我们邂逅在丽江浮云社客栈。

那时我和她一前一后差不多同时到了客栈，起初前台还以为我们是一起的，询问之后才分别给我们办了入住手续。

我排在她的后面，因为离得很近，我不由得仔细打量起来她来，这是一个鹤立鸡群的女孩子，个子高挑，身材消瘦，穿了一件酒红色的棉麻长裙，一头齐耳的短发显得干净利落。但跟人说话的时候，眼睛里却带着迷离的忧伤。

在等待的间隙，她一边盯着酒店的名字，一边喃喃自语着：

"浮云客栈，这名字真好！果真，什么都是浮云。"

就这么简单的几句话，却带着一股子凄凉和萧瑟的意味，听得我心底一惊。

听她口音跟我像是同乡。

"你是云镇人吗？"我急切地开口询问。

她一惊，展开弯弯的眉眼："你怎么知道？"

我微微笑了："因为我也是。"

"你的普通话说得真好！我都听不出来！"她说。

顷刻她的手续办好了，提着行李上楼，走到电梯口时又折了回来："你记下我的房间号，一会儿来找我玩。"

我笑着点点头，默默记下了她房间号。

下午我去找她，她开门一看是我，脸上立马浮现出少有的热情，邀我进去一起喝茶。也许是源于独在异乡为异客的寂寞，还有他乡遇乡音的巧合，我们很快熟悉起来。

晚上我们相邀去酒吧喝酒，在迷离的灯光下，两个女孩子显得有点怪异。

我要了加柠檬的科诺娜，她则点了一杯烈性的鸡尾酒。

我说别喝醉了，她说喝酒就要喝醉，神情里有落寞的忧伤。

这时有男子过来搭讪，她愤怒地吼出一个滚字，眼睛里有血红的灼伤。

我隐隐感觉到她的伤痛，便跟她提议："如果你真的想醉，我陪你！"

她笑了笑，拿起酒杯跟我碰了一下。

我并没喝酒，只是继续跟她说："不是在这里陪你醉，我们回客栈。出门在外，女孩子的安全最重要。我们出去买西凤，你要觉得不过瘾，可以一人一瓶。"

她深深地看了我一眼，点头同意，于是我们结账返回。

2

我们买了两瓶六年西凤，在夜市上打包了几样小菜，然后回了我的房间，因为在我房间里可以更好地看夜景。

我们像认识多年的老朋友一样，一边喝酒一边聊天。

几杯酒下肚，原本沉默寡言的文铃逐渐话多起来。

原来她正在承受着失恋的巨大打击，又是一个天涯失意人。

我安慰着她："失恋就失恋吧，没什么大不了的。你看你现在的生活，不也挺安逸的吗？"

"安逸？"原本还算平静的文铃，却哈哈地笑出声来，一边笑着一边流下了眼泪。我心里一惊，难道我说错什么了吗？

等她的情绪慢慢平复下来后，我抽了几张纸巾递给她，我知道在这样的夜晚，她一定愿意跟我分享她的故事。

她猛然喝了几口酒，像做了很大决定似的说："我跟你讲一下我的故事吧，即使会被你笑话也无所谓了。"

我深深叹了口气："谁又有资格笑话谁呢？大家的生活都不容易。"

文铃慢慢讲出了她自己的故事。

事情还得从三年前说起，那时候文铃刚刚 25 岁，在这一年她认识了春黎。

春黎不仅长得英俊潇洒，在 S 城也算得上是一个文化名人。他们两个人算是一见钟情，很快就开始了交往。那时候，文铃有一份不错的工作，在一家大型企业做公关部主管，算是事业小成。

刚开始交往的时候，春黎对文铃特别好，他们的感情也很好。唯一会让两人不愉快的是，他们经常会因为文铃的工作而吵架。因为公关部要接触形形色色的人，所以春黎对文铃的这份工作有些不太满意。他认为，自己怎么说也算是一个有社会地位的人，自己的女朋友却做公关，每天抛头露面，这让自己多少觉得有些没有面子。

春黎想让文铃辞职，他说他可以养着她。可是文铃却觉得，即使再爱一个男人，女人也应该有一份自己的工作，否则就会失去自我。

为此他们吵了一架又一架，有一次吵架后，竟然半个月都没理睬对方。当时文铃很后悔，很担心从此春黎不会再联系她了。不过，后来她又接到春黎的电话，春黎在电话中告诉她，如果她不辞职，他就会真的跟她分手，而且绝不会有转还的余地。

文铃非常爱春黎，她不想失去他，经过几天痛苦的煎熬之后，文铃决定辞职。工作没了可以再找，而爱情没了或许就再也找不到那份真情了。于是，文铃辞职了，过起了十分安逸的生活。吃的穿的用的，春黎都为她考虑得特别周到，大家都说她找到了真正的幸福。

可是，每次文铃跟春黎提结婚的事情，他总是让文铃再等等。

两年的时光很快过去了，在这两年中，购物、美容、喝茶、聊天就是文铃每天全部的生活内容。身边的朋友都羡慕她过得很安逸，可她自己却隐约觉得这份安逸有些不太真实，甚至有时还会产生惶恐的感觉。

女人都是怕老的，文铃担心如果不确定和春黎的关系，最后他会离开自己。为了要春黎给自己一个婚姻的承诺，文铃哭了一场又一场，可春黎却一直没有明确的表态，他们为此吵了一次又一次。

3

就这样到了今年，文铃突然发觉，她和春黎见面的时间越来越少了，有时候一周甚至只能见两面。

转眼，文铃28岁的生日就快到了。她决定在生日那天跟春黎摊牌，如果他再不给她一个明确的答复，她就会选择分手，因为她不能再等下去了，她也等不起了。

因为她已经等了整整三年，一个女孩子最好的年华，就这样在等待中消耗了。

生日那天，文铃把自己打扮得非常漂亮，原本以为春黎还会像以前一样预定酒店吃饭，给她准备好鲜花和礼物。

可是那天她一直等，一直等，就这样一直等到晚上，也没等到春黎的消息，打电话给他却一直无法接通。

后来收到一条短信，春黎说他在出公差。

尽管心里特别难过，但生日总得过。于是文铃便叫了几个相好的姐妹，去了一家环境特别好的私房菜馆。

那家菜馆是文铃以前和春黎常去的地方，只是最近他们总是老闹矛盾，所以去得便少了。那天到了菜馆之后，老板见了文铃，脸色一下子变了，有些尴尬，不过文铃当时并没有多想。

很快她和姐妹们被老板安排在了最里面的一个包间，那一天几个姐妹一直陪她到深夜。中间闺蜜小米出去接了个电话，回来之后情绪显得有些奇怪。

文铃喝了很多酒，小米一直陪着她喝，文铃一个劲地说小米够意思。

后来，其他姐妹都走了，只剩下了文铃和小米。当天晚上她们住在了旁边的一家酒店。第二天文铃醒来的时候已经是中午，看见小米坐在窗前发呆。

文铃叫了她好几声，她才回头，文铃见她眼睛红肿，便问她怎么了。

"铃铃，你跟春黎分手吧！"小米说。

文铃心里咯噔一下，顿时有一种不祥的预感："怎么了？为什么啊？"

小米说："本来昨天晚上我就想跟你说的，但昨天是你的生日，我不想你在生日的时候难过。昨天在饭店里，我在走廊上接电话时看到春黎了。有一个长得特别漂亮的姑娘也出来接电话，回去开包间门的时候我不经意扫了一眼，春黎就在里面，只是他没看见我，他们的关系看起来绝对不是普通朋友。"

小米一口气说完，长长地舒了一口气。

文铃大脑里一片空白。

三天后，春黎回来了。而文铃已经打包好了自己的东西，只等着他回来说清楚告别。

春黎看见文铃已经打包了东西，连一声挽留都没说，直接给文铃开了一张支票。

文铃把支票撇到他的脸上，连骂他的力气都没有了，然后就这样拖着行李走了。

回忆到这里，文铃已经泪流满面，她接着说："就这样我离开了春黎，好在之前上班时还存了一点积蓄，否则我现在不可能在丽江。

　　你知道吗？我安逸了这三年，本意并不是贪图享乐，只是为了一个自己特别爱的男人，最后的结果是一无所有。当年跟我一起工作的同事，很多人的能力并不如我，可如今他们都已经在工作中有所成就了。而只有我这么傻，傻到在一段充满变数的爱情里，去享受着短暂的安逸，最后落得如此悲惨的下场。"

　　文铃说完，又开始大口大口地喝酒。

　　我并没劝她，只是陪着她对饮，我们都不知道什么时候喝着喝着就醉了。

　　后来在丽江分别的时候，文铃说："安逸过这几天，我就要回去拼命了！你一定要把我的故事写出来啊！"

　　我拥抱着她，重重地点了点头。

4

　　安静地晒着太阳，过早睡晚起的简单生活，做自己想做的事情，想去旅游了可以抬脚就走。这样舒适的生活，谁不想过呢？谁会又不羡慕呢？

　　只是，人生就是一场赛跑，不奔跑，我们就无法得到自己想要的生活，也无法遇到不一样的精彩和幸福。

　　而一旦你停在了某一位置，被暂时的安逸迷惑了头脑，迎接你的必然不是你所期待的结果。就像《龟兔赛跑》的故事一样，就算兔子跑得再快，乌龟跑得再慢，可是当兔子停下来睡大觉了，最后赢的一定是乌龟。乌龟虽然跑得很慢，可是它一刻也没有停过，所以最终获得了胜利。人生又何尝不是这样呢？

在应该奋斗的年纪，我们一定要用自己的努力，去为我们晚年的安逸生活打下坚实的基础。只有晚年里不为生活所困，能在云卷云舒里悠然自得地晒着太阳，翻几页自己喜欢的书，泡一杯适合自己口味的好茶，那才是真正的安逸。

人无远虑，必有近忧。年轻时候的安逸，必会是你老来的困顿。虽然乞丐和富翁一样晒着太阳，但是那种感觉和心态，绝对是天差地别的。

年轻时候的安逸，是一把杀人于无形的木刀，表面看来无刀刃也感觉不到痛，可是却会慢慢凌迟着你的人生。

无论是以爱情、婚姻还是以情怀的名义放弃了努力而选择暂时的安逸，都是对自己人生极不负责任的行为。你的一时安逸，最终带给你的将是一生的失意。

⊙ 好朋友要相互支持欣赏，而不是相互利用

1

尽管很多年过去了，再次听到周华健的《朋友》，依然会触动心扉。

这首歌不止旋律优美，更重要的是唱出了很多人的心声，唱出了朋友的真正内涵。

我有十多个结交超过十年以上的朋友，尽管很多朋友关系都不错，但真正能算得上知己的，却只有三个。

之所以这样说，是因为这三个朋友，是我随时想起来，可以在任何时间、任何地点毫无禁忌地联络的人。

尽管很多时候，电话接通之后问询对方是否方便接听电话已成为一种礼貌习惯，可是对于这三个朋友，这些礼貌俨然已成了一种摆设。

阿佑是第一个，我们可谓是同甘共苦的朋友了。

我们认识的时候，都还是穷学生，一起学习一起回宿舍。

那个时候西安的冬天特别冷，为了取暖我们常常一起去吃杨家村的砂锅米线，五块钱一份，却吃得两人周身温暖。

因为我体质较弱，每次去的时候，如果只剩下一个背风的位置，阿佑一定会把我挤到里面。冬天冷到滴水成冰的时候，夜里我们甚至同挤一个被窝。

后来我们各自有了工作租了房子，周末依然相约着一起聚餐做饭。尽管在狭小的公用厨房里，被油烟熏得直掉眼泪，可是能见到彼此便感觉像看见自己的亲人一样开心。

再后来我们又有了各自的家，但是无论何时何地，只要有一方心情不好的，必定会给对方打电话。

就算再难过的事情，只要能听到对方的安慰和鼓励，聊着聊着便笑了，聊着聊着心情就好了。

一晃我和阿佑认识已十几年了，我们也曾红过脸。我们知道彼此的优点，也看得清彼此的缺点，可是这却丝毫不曾影响到我们的友谊。

现在条件好了，闲暇了周末我们也会相约着出游，常常是大人孩子欢歌笑语声一片。有一天，看着两个小家伙手拉手，一个对另一个说："我们要做一辈子的好朋友！"

而另一个则说："对！要像我们的妈妈一样。"

我和阿佑都露出了会心的微笑。

　　另外一个被称作知己的朋友是世交。

　　上初一的时候，我们第一次见面。她母亲带着她去报到，我母亲亦带着我。报到结束了，两位母亲说她们是好朋友，所让让我们两个也要好好相处。

　　这么多年过去了，我们不但处好了关系，而且还成为彼此生命中不可分割的一部分。在彼此困难的时候，不管是精神还是物质上，都能给予对方最强大的支持。

　　还有一个知己，也是此生最真的朋友。跟她友情的加深，源于一个不起眼儿的电话。

　　有一次，我遭遇了很痛苦的一件事，当时想到了她，给她打了一个电话。当时我并没有说出我遇到了什么事，只是跟她说我心情不好，想让她陪我聊一会儿。

　　她在电话里沉默了几秒后，突然对我说："小妹，不管任何时候，我都会站在你身边，哪怕全世界都背叛了你，遗弃了你，但你一定要相信，这世界还有我！无论你对错，我都会永远站在你身边。"

　　一刹那，泪水喷涌而出。

　　我知道，尽管我和她不常见面，但她将会是我一生的朋友了！

2

认识一些文字上的朋友，常常被她们优美的文笔折服。偶尔在朋友圈看到她们获得荣誉的消息，我都会替她们感到高兴，除了真诚的祝福之外，更会自发转发宣传。

这样的转发多了，朋友圈便会有一些认识我们彼此的朋友的留言调侃：

"都说自古文人相轻，我看你们这是相捧啊！"

我回复："自古文人相轻，本就是谬论！每个人身上，都有自己的长处和优点，每个人的文字，都有自己的特点和优势，欣赏着别人的好，对自己也是一种提高和促进。再者，我只是热爱文字，根本算不上文人。"

朋友看到我的回复，亦是莞尔一笑。

也有一些平时不怎么联络的朋友，在我需要帮助的时候会默默地支持我。

W 就是这样的一个朋友。

我经常会发一些需要宣传的资料在朋友圈，微信现在也成为一个良好的宣传媒介。原则上我并不愿意打扰大家，只抱着一种顺其自然的态度，毕竟每个人都有自己的圈子。然而 W 不止转发了，甚至一个群一个群跑去替我推广，还给自己的朋友发了小红包，请她的朋友们再帮我宣传推广。

当我几天后从另外一个朋友那里知道这条消息的时候，心里感觉温暖极了。

什么是朋友？这就是朋友。

平时彼此各自生活，而一旦遇到对方需要帮助的时候，便竭尽全力。

竭尽全力还不算，帮了对方还不愿意让对方知道。

而相反也有一些人，总说与某某是朋友。

可是突然有一天，看到对方在某些方面取得大的成绩时，便开始在别人面前数落对方的不是。了解的人知道此人生性嫉妒，吃不到葡萄便说葡萄酸；不了解的人便会在认知上发生偏差，戴着有色眼镜去看取得成绩的那个人。

最有力的诽谤，便是出自一个曾经认识你的人口中。余秋雨先生曾经说过，那些似是而非真真假假的谣言，杀伤力最大。

交了这样的损友，只能自认倒霉。

也有的人交朋友，是看对方的价值说话。价值大的，对自己有用的很快就能成为朋友；而那些价值小的，就算曾经帮过自己的人，一样很也容易被他们抛之脑后。

这样的人，我想他们一生也交不到真心的朋友。

隋代大儒王通在《中说·礼乐》中说："以势交者，势倾则绝；

以利交者，利穷则散。"

　　意思是说，为了钻营势力而结交的朋侪，在没有势力的时候就会绝交；为了钻营财利而结交的朋侪，在没有财利时就会分离。

　　习近平主席在澳门演讲时，引用了这样一段经典的话："以利相交，利尽则散；以势相交，势败则倾；以权相交，权失则弃；以情相交，情断则伤；唯以心相交，方能成其久远。"只有这样的交友原则，才是我们与人相交的指路明灯。

3

　　有一个动物交朋友的故事，引人深思：

　　有一天傍晚，一只羊独自在山坡上玩耍。

　　突然从树木中窜出一只狼想要吃羊，羊跳起来拼命用角抵死反抗，并大声向朋友们求救。

　　牛在树丛中向这个方向望了一眼，发现是狼，心里非常害怕，独自跑走了。

　　不远处正在吃草的马抬头一看，发现是狼，也一溜烟跑了。

　　路过的驴停下脚步，发现是狼，也悄悄溜下了山坡。

　　猪也是个胆小鬼，发现了狼，立刻急匆匆地逃走了。

　　兔子一听狼来了，更是箭一般地冲进草丛躲起来了。

　　山下的狗听见羊的呼喊声，急忙奔上坡来，猛然冲过去一口咬住了狼的脖子，狼疼得嗷嗷直叫唤，趁狗换气的时候仓惶逃走了。

羊回到家里以后，朋友都带着满满的关切来问候了——

牛说："亲爱的朋友，你怎么不告诉我？我的角可以剜出狼的肠子。"

马说："亲爱的羊儿，你一定吓坏了吧？你要是早告诉我的话，我的蹄子一定能够踢碎狼的脑袋。"

驴说："哎！早知道你会经历这种事情，我就守在你身边，只要我一声吼叫，一定能吓破狼的胆子。"

猪说："我的好朋友啊！你没事吧？你若能跟我说，我只要用嘴拱一拱，就能让狼摔下山去。"

兔子说："如果你大声向我求救，我一定跑得飞快，然后去替你送信再找人来救你呀。"

在这闹嚷嚷的一群中朋友中，却唯独没有狗的身影。

读了这个故事，我想你一定能够明白什么才是真正的朋友，也能更清醒地认识到应该如何去交朋友。

真正的友谊，不是在你遇到困难时候的花言巧语，而是在关键时候愿意拉你的那只手。那些整日围在你身边逗你开心的，不一定是真正的朋友。而那些看似远离，实际上却在时刻关注着你，默默为你付出的，才是真正的朋友。

4

　亲情，爱情，友情，这是人生三大永恒的主题，这些感情在我们生命里缺一不可。

　当你取得成绩，鼓励你祝福你，为你欣喜流泪的，是真朋友。

　当你遇到困难，雪中送炭帮你渡过难关的，是有情有义的朋友。

　当你遭遇挫折，抚慰你并激励你重新站起来的，一定是你身边充满正能量的朋友。

　而那些只是为了从你身上得到某种他们自己想要的东西而来结交你的人，不管当初你们相处得如何好，却根本算不上朋友，顶多只是搭档。

　当然还有一些表面跟你交好，背地里却两面三刀的人，就更算不上是朋友了，顶多只能算是小人。

　人之相交，贵不互损。这世界，谁也不傻，那些利用朋友的人，自己才是自作聪明的真傻子。

　漫漫人生路，谁都离不开朋友的帮助。

　我们遇到困难时，总会求助于关系好的朋友。得到了朋友的帮助，就要学会感恩，要在朋友有困难的时候，以更大的努力去帮助朋友。

　即使得不到朋友的帮助，也不要心生怨恨，毕竟每个人都有自己的难处。既然大家是朋友，更要自觉地去相互理解和彼此尊重。

　　好朋友是清风明月，是绿茶鲜花，是无处不在的淡雅和芬芳，他们能将我们的人生越照越亮。一个居心叵测的朋友，最终只会让人看穿他，看轻他，远离他。

　　请用心珍惜我们身边的每一位朋友吧！一个好的朋友，将是我们一生中最宝贵的财富。

⊙ 饭要一口口吃，事要一点点做

1

陶子是我家远房亲戚的孩子，少时曾见过几面。

初见时，他虽然只是一个青涩茫然的少年，眼神里却闪耀着灵动的神采，对未来更是充满了无数美好而奇异的想象。

有大人见他机灵，觉得这孩子颇有意思，便故意逗他说话：

"陶子，说说你长大了想做什么？"

陶子白了那人一眼，一脸不屑地说："我是干大事情的人，说了你也不知道。"

当时很多人都被陶子的豪言壮语逗得哈哈大笑。

也正是因陶子的这一豪言壮语，有人便断定他长大以后一定会有出息。

一晃很多年过去了，陶子也到了三十而立的年纪。可是他却没有像小时候大家预言的那样会有大出息，他至今单身，事业上也没有什么大的成就，虽然听说他自己开了公司，但具体是做什么的，具体经营情况，谁也不知道。

　　每年陶子会在过年的时候回到村子，初五六便又离开家乡，用他自己的话说，他是去干大事了。只是谁也不知道陶子到底在干什么，到底干得如何。

　　他自己更是一副高深莫测的表情。

　　每当别人问及他的情况时，他总是那一句话："你们等着吧，我是干大事的人！我一定赚个几百万给你们看。"

　　刚开始人们还信，时间一长乡亲们看他一副没长进的样子，都开始在背地里笑话他。

　　邻里之间管教孩子，必定拿陶子说事。

　　这一年过年，陶子回到家里。母亲再也忍不住了，问他说："你一直说你是干大事情的人，不让娘问，娘也从不催你更不逼你，虽然别人嘲笑你，但娘相信你。这一次，你带我到你公司看看，也好让娘放心，好不好？"

　　但是陶子却不同意，可是这次陶子他娘却铁了心要跟陶子去。

　　到了陶子离家的那一天，陶子前脚上车，他娘便后脚上了车。陶子无奈，就这样陶子他娘一路跟着陶子到了北京。

　　来来回回倒了几趟地铁，七拐八拐终于来到一个只有十来平米的狭小地下室，这就是陶子住的地方。

　　陶子他娘一看，心就凉了半截。

第二天天刚蒙蒙亮陶子他娘就起来买早点，看着陶子吃了以后，陶子他娘满怀期待地对陶子说："儿呀，你带我去你公司看看吧。"

陶子答应得很爽快："行。"

可是一连等了三天，也没等到陶子去他自己的公司，因为这几天他一直待在家里，并没有去公司上班。每天，陶子只是待在家里打几个电话，电话里说的都是几百万的生意。挂了电话他就会趴在电脑上在网络上发消息。到最后，陶子娘终于知道了，陶子的收入和生存就靠偶尔接的一两个文案策划单子。

陶子他娘实在看不下去了，抬手就是一记响亮的耳光："你就这样干大事的？"

陶子继续争辩："现在是信息时代，我足不出户，也一样可以联系到业务。"

陶子他娘说："你的世界我是不懂，现在的新科技我也不懂。可我懂得事要一点点做，饭要一口口吃，要想取得非凡的成绩，就要有非凡的努力，而不是像你这样张口闭口几百万，却整天只待在网络上。你活得这样悠闲轻松，还满口的豪言壮语，可你却并没有多少实际行动，难怪这么多年你一直这个样子。是我没有早点管教你，总认为男孩子要自己闯天下。"

一周后陶子他娘使尽十八般武艺，硬是把他带回了家乡，给他在镇上开了一个蔬果店，并帮他一起经营，由于经营有方慢慢开始门庭若市。

　　一年以后，陶子谈了一个女朋友并成了家。此时的陶子也已经由开始的叛逆反抗变成了自主经营。几年之后，果蔬店的生意越来越红火，陶子一家的生活也越来越富裕了。

　　而现在，陶子的果蔬店已经在城里开了分店。

　　尽管后来那句"我是做大事的人"还会被别人开玩笑时不时地提起，可是陶子却觉得无所谓了。如今对他来说，认真地经营好自己的店铺，照顾好自己的家庭，才是最重要的事情。

2

　　很多时候我们之所以会失败，最主要的原因就是不肯沉下心来，认真而努力地做好一件事情，而总是东一榔头西一棒槌，结果导致自己一事无成。

　　而那些愿意努力在一个行业扎下根来的人，往往都能做出一番事业，实现自己的理想。

　　于尧和江城西毕业于同一所大学，毕业后他们都选择了自主创业。

　　于尧是那种敢说敢做、性格急躁冲动的人，只要是他想到的事情，就会立马付诸行动，但是一旦事情走向不良的层面，他却没有常性去坚持，往往某件事情不行便会转向另外一项。

　　多年过去了，他不止做过餐饮、茶楼、服装，甚至还开过一个文化公司，可是没有一件事情能做得长久。

　　尽管一直忙忙碌碌地在奋斗拼搏，却并没做出什么成绩，得到自己想要的结果。于尧自己也常常觉得委屈，认为命运对他很不公平。

　　他甚至不明白，为什么自己一直非常努力，得到的却是这种结果呢？

　　江城西和于尧的个性却截然相反，他在决定自主创业的时候并不是急于先做事，而是先进行了市场调研。三个月的仔细调研之后，他才注册了自己的原创艺术品礼品公司。

　　公司创立初期，在别人追求利润最大化的时候，他却致力于产品的质量最优化。每一个细节他都力求做到尽善尽美，很快，他公司的艺术品在行业中打开了销路。

　　尽管后来在经济危机的时候，他的公司也曾面临着诸多困难，可是他一刻也没想过放弃。最后，通过多方努力，他终于渡过了难关。

　　如今，他在本市不只有很多家原创艺术品商店，还有自己的工厂。他未来的目标，是让自己公司的艺术品商店走向全国，甚至走向世界。

　　他的个性签名是："认认真真地做好每一件艺术品，它们都是客户了解我们的桥梁。"

　　不同的思维和做事方式，便会有不同的命运。

很多事情，并不是我们急于求成，就一定能成功。

所有的成功，都是建立在一步一步、一点一点的努力之上，没有人能一步登天。

成长和成功需要努力，更需要时间。

3

很久以前在一篇杂志上读到这样一个故事，作者是谁没记住，倒是记住了故事的内容：

作者说她的朋友去远方了，把一座山中的庭院托付给她照料。

庭院靠墙的地方扎了篱笆种了青菜，她常常坐在院子里喝茶读书。

她和朋友是性格截然不同的两个人。

朋友喜欢把庭院打扫得干干净净，看到院子里的杂草会一律拔除，她只会打扫一下院子里的落叶，对那些杂草却并不予以理会。

不久之后，她发现院子左侧的石凳旁竟然长出了几簇绿绿的芽尖，渐渐长成了野生兰花的模样，她以为这是一棵野生的兰草。

后来，那棵小草开花了，却又与普通的野兰花不同，她便采摘了花朵和叶子去找研究植物的朋友鉴赏。

没想到，那个研究植物的朋友告诉她，这是一种极其珍贵的兰草，很多人苦苦寻觅一生都寻找不到。

欣喜之余，她打电话把一喜讯告诉了庭院的主人。

朋友无限感慨地告诉作者，那株兰花其实年年都会发芽，只是一直以来都被她当野草拔掉了，因此没有存活的时候，也便一直没有被发现。

生活里很多的事情，又何尝不是如此呢？

没有什么事情能够一蹴而就。

一棵草要长成花朵，必须要汲取足够的营养，接受足够的日照，长满它的生长周期。

事业和梦想也是一样，不仅需要我们脚踏实地用心努力为之奋斗，也需要有足够的成长周期。一棵竹笋在破土而出以后，之所以能够在很短的时间里长成随风摇曳的高大竹子，是因为它在破土之前已经默默地在地下扎根了四年，汲取了足够的养料。

4

著名的哲学家弗洛姆在他的《坚持"一件事的原则"》里就曾明确地告诉过我们：

人的一生，精力都是有限的，与其把精力分散去做不同的事情，倒不如专心做一件事情。在做这一件事情的时候，你可以给自己定下一年、三年、五年、十年的目标，这样你就能看到自己的成长和进步，更容易走向成功。

只有把大目标分解成无数的小目标，你才有奋斗下去的勇气和力量。

贾平凹老师在兰州大学的讲座上无限幽默地说："人生就像挖井，瞅准了一个坑不停地刨下去，总能刨出水来。"

无数杰出的人物都用自己的深切体会告诉我们，无论做什么事情，一定要有目标，有步骤地去完成。

而不要——

今天栽树，明天就等着结果；

每天安静地晒着太阳，却痴心妄想着一下子被金元宝砸中；

遇到一点困难便退缩，心比天高，而总是眼高手低，不愿意付出行动。

在任何事情面前，焦躁、不踏实、朝秦暮楚，不努力还异想天开地期待好运，都是特别幼稚的行为，更是阻碍你走向成功的元凶，如果你不想一生成为一个平庸无为的人，就要学会和这些缺点说再见。

凡事欲速则不达。无论是实现理想的道路，还是走向成功的途中，都需要我们脚踏实地、一步一个脚印地去努力，只有这样才能最终取得想要的结果。

想要走向成功的朋友们，请一定时刻提醒自己：饭要一口口吃，事要一点点做。

第三辑

做 人
就要
做精英，
没人生来
是屌丝

▶被同一件事情绊倒三次，不是善良是傻

1

深夜里看到荷姑娘发了一条朋友圈，大意是她又失恋了，不用想，一定又是一篇遇人不淑的心灵倾诉。因为时间太晚，我没有细看她发的内容，但标题却让我过目不忘：我这么好，为什么遇到的总是渣男？第二天早上我想再看的时候，荷姑娘已经删了那条信息。

荷姑娘是我的朋友，我们认识很多年了，失恋的人一定非常痛苦，我也替她感到难过，可是一时间也无能为力。

的确，认识荷姑娘的人，都知道荷姑娘是一个特别好的人。

荷姑娘不仅人长得漂亮，而且又有修养又上进，还特别善良，乐于助人。

原本这样一个集很多美好于一身的女子，理应得到上天的眷顾，就算是不集千万宠爱于一身，但至少也不会活得那么兵荒马乱才对。

然而荷姑娘的确十分不幸，她的好不仅没有给她带来幸福的生活，反而总是让她承受一些不应该有的痛苦。

荷姑娘的第一个男朋友是一个业余歌手，虽然人没什么名气，但是谱倒摆得不小。

第一次跟我们这帮荷姑娘的闺蜜一起吃饭的时候，不但迟到，而且遇到他喜欢的菜，根本就没有要停下筷子的意思，一副毫不顾及别人感受的样子。

吃饱了之后他便开始低头玩手机，我们跟他说话，他也只是偶尔会回应一句，有时候回应时甚至头都不抬一下。

到结账的时候，我们都以为他会买单，毕竟他是第一次跟女朋友的闺蜜们见面，这是人际礼仪的常识问题。没想到他连账单都没看，就对荷姑娘说："今天这单应该你买，因为请的都是你的朋友。"

荷姑娘还没说什么，李欣脸上已经挂不住了，冷冷地嘲笑道："今天阿荷肯定不买单，这单我买！我们来这么多人，都是来动物园看大猩猩的，如今也看到了，当然得付观赏费。"

最后的结果当然是大家闹得不欢而散，那歌手愤怒地背着吉他走了。

荷姑娘哭哭啼啼地就要追出去，被李欣拦腰一把抱住："你是找抽啊，还是天下的男人都死光了？他哪一点好？又哪一点配得上你？这样的男人你也要？"

荷姑娘哭得梨花带雨："可我就是喜欢他呀！"

一向急性子的李欣一听，更急了，抓起自己的包扭头就往外走：

"以后我都懒得管你，这样的男人你还要，真是无可救药！"

　　然后我们都劝荷姑娘，这样的男人，真的不值得她去爱，就是再喜欢，也必须得放手，否则总有一天会受到伤害。因为他根本就没把她放在心上，现在才谈恋爱就这样对待她，以后就更不敢憧憬婚姻的幸福了。

　　我拍着荷姑娘的肩膀说："像我们阿荷这么好的姑娘，以后一定可以遇到真心疼爱你的男人。"

　　在我们的劝说下，荷姑娘终于下定决心与音乐渣男分手了。

　　我们也都松了一口气，劝她以后再谈恋爱时一定要了解清楚，不要只跟着感觉走。

2

　　很快荷姑娘告诉我们，她又恋爱了！

　　看到荷姑娘满面春风的样子，我们真的替她高兴，心想她这次一定遇到了对的人了。因为只有遇到对的爱情，女人才能得到更好的滋养。

　　我们都非常好奇，荷姑娘这次遇到一个什么样的人。

　　断断续续地，我们从荷姑娘的口中知道，她这次的恋爱对象是一个画家。

　　我们听了心里咯噔一下，都开始隐隐替她担心。

　　荷姑娘隔三岔五地会给我们带回来一些那画家的消息，他是如何如何的有才华，对她又是如何如何的好。

　　甚至还拿回来了画家为她画的素描，的确是惟妙惟肖。

　　我们这才放下心来，看来也不能都相信传闻，都说画家不可靠，可总是有例外的嘛！

　　我们都想见见这个画家，便开玩笑说要替荷姑娘把把关。荷姑娘拍着胸脯说："保证完成任务，我一定把我的画家带到姐妹们的面前，请姐妹们鉴赏！只是你们可别趁火打劫啊！"

　　可是一连好几次荷姑娘都没有约到画家，他总推说自己太忙。

　　无奈之下，荷姑娘便偷偷拍了画家的照片给我们看，人也的确风流倜傥，有点像黎明年轻时的样子，一向爱闹的玉儿还夸张地把照片转发到自己手机里，美其名曰"帅哥共享"。

　　我们都夸荷姑娘好眼光，祝她幸福。

　　有一天，我和几个好姐妹在星巴克喝咖啡，荷姑娘因为单位加班没来。小玉无意中抬头朝对面瞧了一眼，一下子惊呼出声："那不是阿荷的画家吗？"

　　"什么画家？"我还没反应过来。

　　小玉朝对面努努嘴，"就是阿荷的男朋友，你看，正跟一个女人调情呢。"

　　"怎么会呢？你看错了吧？"我有点不相信地向那边看过去。

　　小玉掏出手机里的照片看了又看，非常果断地说："就是他，如假包换。"

　　说完很快用手机拍了一张画家和女伴的照片，然后转发给了荷姑娘。

　　当荷姑娘赶来堵住画家和那女孩子的时候，没想到画家的女伴竟然理直气壮地说："我才是他的正牌女友，你算哪根葱啊？我还没找你算账呢，你倒自己找来了，今天我们就说清楚。"

　　荷姑娘可怜巴巴地看着画家。

　　画家却揽着那女孩的腰说："亲爱的，你千万别生气啊！我想眼前这位姑娘想必是误会了！我不过是找过她做过我的模特而已，她却误会我喜欢她。"

　　荷姑娘气得差点晕了过去，玉儿拿起桌子上喝剩的半杯咖啡，一下子泼在了画家的身上。

　　画家的女伴准备上来撕扯，却被画家拖着向外走："亲爱的，我们犯不着跟这种低素质的人计较，免得有损我们的身份。"

　　显然是画家理亏心虚。

　　至此很长的一段时间内，荷姑娘都郁郁寡欢，甚至再也不敢谈恋爱了。

　　我们都劝荷姑娘："人这一生，谁还不遇到几个渣男呢？别为了一棵歪脖子树而放弃了整片森林。"

荷姑娘这才慢慢开朗起来。

3

前段时间，荷姑娘说自己这次遇到真爱了。

有了前两次的遭遇，我们都问荷姑娘，这次到底靠不靠谱啊？

荷姑娘沉默了良久，告诉我们说，这是一段异地恋。

我们听了心里顿时又凉了半截，都劝荷姑娘要悠着点，不要再像前几次那样全心全意地投入了，因为异地恋的变数更大。

荷姑娘说："这次我好像比以前陷得都要深。他和我非常像，都是完美主义者，我们有很多相像的经历，所以我懂他，他也懂我。"

我们问荷姑娘："那你了解他吗？"

荷姑娘被我们问得一愣，过了一会儿她才说："对我来说，谈恋爱就是很单纯的有感觉就可以了，我要的就是那种爱的感觉。"

我们这才恍然大悟，原来荷姑娘的问题出在这里。

荷姑娘的异地恋，仅仅维持了三个多月便夭折了。

荷姑娘再次失恋，这才有了前几天深夜时朋友圈里的那条动态。接二连三的打击，让她都不好意思跟我们细说原委了。

4

我约荷姑娘出来喝茶聊天，她在电话里也是一种无精打采的感觉。

　　我开门见山地说：“出来聊聊吧！你发的动态，我看到了。”

　　她迟疑了一下答应了。坐在上岛咖啡厅里，她一脸茫然地问我：“你说，为什么受伤的总是我？”

　　我说：“其实问题出在你自己身上。你太注重要感觉了，一切只跟着感觉走，而从不考察这个人是否值得你爱。”

　　荷姑娘一脸戚戚地说：“那你说我以后怎么办？”

　　我说：“继续勇敢地去爱呀！但一定记得擦亮眼睛，认真去观察和了解这个人，如果觉得真的合适，再去投入感情。很多事情你可以错一次两次，但是接二连三地错，不是因为你善良，而是你太傻。所以，汲取教训、认真总结才是关键。”

　　荷姑娘听了我的话，认真地点点头。

　　在我们懵懂无知的时候，是允许犯错的。可是相同的错误，绝对不能一而再，再而三地犯，犯得次数多了，只能证明你太笨太傻。

　　如果你不善于总结，总在相同的事情上跌倒，刚开始或许还会有人帮你，时间长了会让大家觉得帮助你是一件没有意义的事情，因为再怎么帮助，你也不会有任何长进。

　　所以在第一次遭遇挫折的时候，我们就要学会快速从中找出失败的原因，然后进行总结，以便改正，而不是仍旧稀里糊涂继续着我行我素，长此以往，只能被人当作是傻子。

▶ 你可以不信天道酬勤，但天上绝对不会掉馅饼

1

魏南来电话说："姐，你再借我点钱吧！"

我说："你以前借的钱还没还呢！"

魏南说："善良的姐姐，你再信我一次吧！这次借了以后，我保证一定连带以前的一起还你。我实在没钱了，吃饭都成了问题。"

我斩钉截铁地说："那你就饿着好了，一个大男人饿死了是笑话。"

然后果断挂了电话。

不是我心狠，对于魏南，我们真的已经失去信心了。

刚开始他找我借钱的时候，我觉得，出门在外谁都会有个难处，况且又是亲戚，所以对他总是有求必应。然而几年下来，他却好像把我当成了"提款机"，一没钱了便朝我借，而且从来都是有借无还。

魏南是我姑姑家的孩子，大专毕业以后，就开始在外面东奔西走。他到过云南，闯过上海，混过北京，下过广州，全国的一线城市

他几乎都跑了个遍。用他自己的话说，他是见过世面的人。

只是他这种见世面，都是走马观花式的蜻蜓点水。他从来在一个城市没待满一年过，而对一份工作的热情也最多只有三个月。

有一段时间，听说他迷上了乐器，还跟着人学了一段时间的架子鼓。可是没多久又不学了，别人问他为什么，他说那东西太难打了，打得胳膊痛。

姑姑常常为了他急得寝食难安，而他不但不自知，还满嘴夸夸其谈。

我们都看不下去了，便跟姑姑一起劝他回老家踏实生活。

谁知他竟脖子一梗："回来就好吗？你们所要的踏实，就是像村子里那些人一样，面朝黄土背朝天地辛苦一辈子吗？到头来，他们还不是住着破旧的房屋。你敢说他们不努力吗？如果像他们一样，我努力又有什么意义？"

姑姑被他噎得说不出来话来，转过身去拿手背揉着眼睛。姑父则一边叹着气，一边跺着脚要去打他，结果他跑得比兔子还快。

这么多年以来，魏南在他们村是出了名的反面教材。

"逆子呀！"每逢有人提到魏南，姑父嘴里满满都是恨铁不成钢的无奈。

我也曾试着跟他沟通："你这么大的人了，怎么就从来不想着安分地过日子，家没个家，事业也没个事业，甚至工作都没有正儿八经地干过一件，你这样下去，以后可怎么办呢？"

"你们都是说道理的人，说这么多有什么用？日子还得我自己过。"他不等我说完，扭头走了。

转眼这么多年过去了，魏南也快三十岁了，却像一只随风飘荡的风筝一样，无处着落。而所有的亲戚一听到他的名字，能躲多远便躲多远。

有时候我也常常在想，你说魏南笨吗？其实他一点也不笨，很多东西他拿到手里捣鼓两下就明白了其中的窍门，人前人后说话办事也是一副聪明伶俐的样子。

之所以造成今天这样的局面，就毁在他的懒惰和不踏实上。

2

魏北从河北回老家办事，返程的时候适逢老家的板栗正在收获期，于是就给我带了几十斤回来。

接到魏北电话的时候，我还想着几十斤重的东西，我怎么拿回来。

不想魏北却说："姐，你别担心，你只管开着微信的位置共享就行了。我刚买了车，我是开车过来的，虽然对这座城市的路不熟，但有了位置定位我会找到你的。"

魏北是魏南的哥哥，高中毕业后便没再继续上学，而是去了河北打拼。

他先是在工地上做着最辛苦的工作，一年以后，凭着自己的努力便被提升为工头。而后又慢慢有了自己的施工队，如今他的施工队已经小有规模。

这些年来，魏北不止在老家盖了小洋楼，更在河北有了自己的房子。对于一个农村走出来的孩子来说，魏北自然是非常成功的。

魏北果然找到了我住的地方。我和他坐在一家重庆老火锅店里一边吃着火锅，一边闲聊着家长里短。

我无限感慨地说："你们家也幸好有你，否则哪有姑姑和姑父今日的光景？"

魏北不好意思地笑笑："其实我也没做什么，只不过是踏实做好自己能做的事情罢了。"

又聊到他工作时的经历，他说起最辛苦的时候，为了赶工，曾经两天两夜不睡觉，不过还好自己扛过来了。最穷的时候，一把没油的挂面就着几棵菠菜，竟然能吃得很香很有滋味儿。而如今，再也吃不出当年的味道了！

我笑着说："能吃多少苦，就能享多少福。如果不是你当年的辛苦打拼，哪会有今天的成绩呢？"

魏北却说："其实这也不算什么，跟我一起出去的，有很多人比我还成功，我还得继续努力。"

　　我举起了杯里的果汁，非常认真地对魏北说："我看好你，你一定会取得更大的成功。"

　　魏北也举起了杯子跟我的碰在了一起。

　　送走了魏北，我又想到了魏南，不由得感慨万千。

　　出生在相同的家庭，魏北所受的教育还不如魏南，而如今魏北成了榜样，魏南却遭人唾弃。这又能怨得了谁呢？

3

　　M 先生是我的一个朋友，同样出生在条件艰苦的农村，早期也给人打工，后来淘得第一桶金之后便开始自己创业。

　　最艰难的时候，他甚至去卖过唱。可是他一刻也没有忘记自己的梦想，更没有放弃过自己。他不仅深深懂得天道酬勤的道理，而且还身体力行地把它变成人生实践，最终他成功了。

　　他无疑是幸运的，但幸运的背后是他艰苦卓绝的拼搏和奋斗。

　　他现在取得的成绩，让很多人都忘记了他来自哪里，曾经做过什么。

　　人们所看到的，都是他今日的成功，正所谓，英雄不问出处。

　　他的确是当代励志的典范。他不仅走出了农村，更用自己的勤劳和智慧，脚踏实地地带领无数人实现了自己的梦想。现在的他，俨然走到了时代的前沿，成了一个潮流的引领者。

　　这些年来，我是看着他从当初一个名不见经传的人，一步步走向今天的辉煌的。

　　初识他时，他不过是一个混迹于市井之间的小商人，做一点养家糊口的小生意，性格里也有着愤世嫉俗的激进。

　　一晃 10 年过去了，他用一步一个脚印的辛劳和汗水，硬是把自己的公司变成省级典范，人也变得越来越睿智，越来越豁达。

　　尽管我不知道他每天忙碌到什么程度，但是从他偶尔更新的朋友圈动态里，也能对他的工作和生活窥见一二。

　　常常在凌晨的时候，他还在赶飞机，还在不同的城市夜色里奔波。他的生活，永远是处于连轴奔波的状态。几日前你看他还在南方，几天后的动态却在北方。用他自己的话说，他就是一只永远旋转的陀螺，为了事业马不停蹄地奔走在奋斗的路上，他的人生就是一驾行驶在路上的马车，只会一直滚滚向前。

　　很多人都被他这种认真拼搏的状态感染了，因此他身边集聚了一大批愿意为了理想而努力奋斗的人。也正是如此，他的公司在不断地发展壮大，有了今天骄人的成绩。

　　我相信以他的努力和拼搏，假以时日一定可以取得更丰硕的成果。

4

所有梦想的实现，必然是以努力奋斗为前提，以拼搏努力为背景，没有人能舒舒服服地坐在家里、躺在床上就能取得成功。

没有流过汗水，就无法得到你想要的收获。

生活中，总有一些不愿意去努力的人，他们常常抱着一种极其荒谬的思想，异想天开地等着天上掉馅饼。自己不努力奋斗，这山看着那山高，还总是为自己的懒惰找借口。

什么时运不济，没有背景，无人支持，没资金，这些都是自我逃避的借口。那些愿意努力的人，从来不会把这些当作问题。

没有条件，他们会努力创造条件；没有时机，他们会努力做好准备之后再等待时机。他们从不会一边悠闲地晒着太阳，一边还幻想着天上掉下来一个金元宝。即使天上真能掉金元宝，如果你提前没准备好合适的器皿进行捧接，砸到脑袋上，一样会让你头破血流。

一个只会找借口，而不愿意去踏踏实实努力的人，是无论如何也不会取得成功的。因为成功从来不与懒惰者为伍。很多时候，当你看到别人取得成功而心生羡慕的时候，应该先问问自己，你为自己的人生努力做过什么？

无数个日子，当别人在马不停蹄地向前奔走的时候，你是不是一边看着肥皂剧，一边悠闲地吃着零食？

当别人把自己的梦想分解成无数个小目标，一步一个脚印地向前迈步的时候，你是不是一边刷着微博，一边聊着微信？

当别人还在披星戴月地赶工洽谈的时候，你是不是早已枕着舒适的枕头，进入了香甜的梦乡？

如果你什么都不愿意做，却总幻想着自己能够成功，能够出人头地，那无疑是痴人说梦。

把自己活成笑话还是活成神话，都终的决定权在自己的手上。

你可以不信天道酬勤，但天上一定不会掉馅饼。老天爷对每一个人都是公平的，有多少付出，便会有多少收获。

⊙别拿心直口快当真诚，那只能说明你情商太低

1

中午休息的时候，几个人在办公室里聊天。

一向幽默风趣的景峰给大家讲了一个笑话，大家顿时笑作一团，有人更是笑得上气不接下气。笑得最为夸张的要数素有女汉子之称的周阳，只见她一面用手捂着肚子，一边用手指着景峰，笑得伏在椅子上直不起身子。

这时于飞走了进来，看到周阳的样子就对她说："你看看你一个女孩子，也不知道矜持一点，你这样活像一只猴子，也不嫌丢人！"

原本还笑作一团的众人，顿时都安静下来了。

就算是女汉子，听到于飞说的话，周阳也有点面子上挂不住了。于是她非常不客气地回敬到："亏你还是一个男人，一点绅士风度也没有！"

于飞一听周阳说自己没风度，也有些火了。

然后便开始对周阳反唇相讥。

就这样，两个人的语言越来越过分，甚至逐渐上升到一种人身攻击的高度。

这时候有人开始劝于飞："你是男人，就不能大度一点吗？你刚才的话的确重了些，你主动跟周阳道个歉也没什么。"

谁知于飞说："你们做人怎么这么虚伪？我不过是心直口快地指出了她的缺点，我哪里有错了？"

周阳听了，心里就更不是滋味了。

而原本想劝架的人一听，这架也没办法劝了，于是便不再说什么了。

原本一团喜气的办公室，立马就引发了一场硝烟弥漫的战争。

而引发这一事件的根源，正是于飞说话时的口无遮拦和自以为是。

很多时候，很多人总喜欢站在自己的角度去发表一些看法，而从不在意这种言行是否会给对方告成伤害，是否会带来不良后果。

就算是父母在批评子女的时候，也要讲究说话的方式，何况是朋友之间或同事之间呢？

毕竟人都是要脸面的。

人说"话有三说，巧说为妙"。每一个都有自己的缺点，当你看到别人的缺点而实忍不住想指出的时候，其实完全不应该采取这么激烈的方式，你完全可以换一种委婉的说辞。这样被指出缺点的人不但更容易接受，而且还会心存感激。

　　而一旦你用一种非常激烈的方式指出来，不但伤了对方的脸面，让对方下不了台，更甚者还会引发对方叛逆的心理，对你产生怨恨，可谓费力不讨好。

<h2 style="text-align:center">2</h2>

　　我有一个亲戚，她不仅烧得一手色香味俱全的好饭菜，做起事情来也是手脚麻利，人前人后的事情也总办得很得体，对人更是热情有加。可是，这样一个看似很完美的人，人缘却并不好。这是为什么呢？原因就是她有一张心直口快的嘴。

　　记得有一次我们一帮亲戚相约出行，大家玩得都特别开心。一路上欢歌笑语，其乐融融，结果因为玩得太嗨而错过了午饭的时间。等到吃饭的时候，大家自然因为狼吞虎咽而没了吃相，这原本并没什么。

　　这时候，一个亲戚家的妹妹因为吃得过急而被噎住了，结果这个亲戚对她说："你一个姑娘家，吃饭怎么这副模样，你也老大不小了，这个样子怎么嫁得出去？"

　　那个妹妹虽然嘴上没说什么，脸色却一下子变了，饭还没吃完，便气呼呼地走了。

　　结果，原来气氛融洽的景象，一下子不见了。

人们常说，最深的伤害往往是语言。曾在网上看到这样一个故事，讲的是一个僧人开悟一个说话出言不逊的年轻人的故事。

僧人讲的故事是这样的：有一个人养着一只从深山里捡回来的小狗熊，他们之间建立了深厚的感情。小狗熊一天天慢慢长大了，有一天它把邻居家的一片玉米糟蹋了，邻居找上门来。

这个人很生气，拿起棍子对着狗熊就是一顿乱打，而且边打边骂："畜生始终就是畜生，我白养你了。"打完以后就把狗熊赶出了家门。

第二天他就后悔了，于是便去山里找狗熊，可是狗熊已经走进了后山，很难再找到了，这个人只好伤心地回家了。

过了很长时间，这个人有一次上山去打猎，结果碰到了一只老虎。正当他以为自己这一次一定会被老虎吃掉的时候，突然看到旁边村林里冲出一只大狗熊，正是他养的那一只。狗熊把老虎打跑了。

他高兴地上去抱着狗熊说道："太好了，上次我打你的地方还疼吗？我错了，以后再也不打你了，跟我回家去吧！"

没想到狗熊说："你打我的地方早就不疼了，可是你说过的那些话却一直让我很疼。"说完狗熊就头也不回地走了。

表面上看来，语言的伤害无关紧要，因为它没有实际的着陆点，但实际它却深深地伤害着人的心灵和自尊。而心灵的伤害要比身体上的伤害对人的影响更为深远。

3

朋友给我讲过一个故事，那是她上班时的亲身经历。

朋友那时大学刚毕业，应聘进了一家私人企业。

老板为人直爽大气，对她也非常信任，把很多重要的工作都交给她去办。那家公司工作的那两年，她的进步和成长都特别快。唯一让朋友非常尴尬的事情，就是老板说话时的口无遮拦。

比如，如果他听到员工在听音乐，而这音乐是他不喜欢的，他就会说："你们怎么这么没品位？要听也听一点维也纳金色大厅里的曲子，总听这些流行音乐，真是庸俗得要命。"

而如果有谁在工作中做错了什么，老板更是会破口大骂："你们是猪啊？公司要你们有什么用？怎么这一点事情都做不好？"

她刚开始跟我说这些的时候，我总是劝她忍忍，毕竟总体来说那老板人还不错，谁还没个缺点呢？

可她最终还是辞职了，辞职的导火索自然是因为老板的口无遮拦。

当时，她已经是公司的部门经理了。有一天，因为下午还有一个客户要接待，所以她那天穿了一件很时尚的裙子，配了一双细跟的高跟皮鞋。不巧的是，那天正赶上单位每个月的大扫除。

也许正赶上老板那天心情不好，看到她的一身打扮，他竟然当着全公司员工的面指着她问："你是来大扫除的，还是来当公主的？"

她当时恨不得找个地洞钻下去，最后什么也没有说，转身下了楼。

第二天便交了辞职报告。

虽然老板也后悔自己不应该当着那么多员工的面，不给她留一点颜面，一再道歉挽留。可她却铁了心要辞职，她觉得自己这份工作做得一点也不快乐，不仅不快乐，而且还让自己很没有尊严。

她后来应聘去了别的单位，尽管会经常感恩之前公司老板对自己的磨炼，但是从那以后她跟之前的单位再也没有联系过。

这么多年过去了，很多事情都已模糊，可是对她来说，当初那个老板对她的那些语言伤害却依然历历在目。尽管她并不恨他，可就是忘不了。

4

中国有一句古话："说者无心，听者有意。"

也许当初在你说别人的时候，其实并没有什么恶意，只是言辞尖刻了一些，但是，即使没有恶意，这种带刺的语言也会给别人带来很大的伤害。

学会说话，是一门艺术。一个人说话的水平，在很大程度上能够体现一个人的素质和修养。

　　就算我们需要指出别人的缺点，也要尽量言辞委婉，不伤及别人的自尊。否则就算你的出发点再好，别人也感受不到你的善意，体会不到你的深意，反而会在心里排斥你，甚至怨恨你。

　　指出别人缺点的话，我们要学着委婉地说。

　　劝谏别人的忠言，我们要学会用理去说。

　　在与人交流聊天的时候，更要谦逊有礼，而不要总是一副唯我独尊的样子，心直口快地不顾别人的感受。其实，忠言在很多时候并不逆耳，既然是一番好意，就应该从最本真的善心出发。

　　所以，无论何时，在我们张口说话的时候，特别是评价一个人的时候，千万要思考清楚了再说，而不是心直口快地不管不顾，否则只能说明你情商太低。通常一个情商低的人，人缘自然好不到哪去。

▶请一定记得你是女人，为自己漂亮地活着

1

上大学的时候，青青有一个非常漂亮的笔记本，笔记本的扉页上写着这样一句话："我们都是坠落红尘的天使，请记得你是女人，为自己漂亮地活着！"

青青曾笑着对我说："菊笙，你信不信？这将是我一生的座右铭！"

我非常肯定地对青青说："我信，你一定可以做到！"

那时候青青和我住在一个宿舍，在我们另外几个女孩都还是懵懂无知的狗尾巴草时，青青却已经是一朵娇艳欲滴的玫瑰花了。青青不仅长得漂亮，而且成绩优秀，是全班甚至全系男生心中的梦中情人。我们都开玩笑把青青叫狐狸精，青青也不气恼。反而笑语盈盈地说："就当你们是在赞美我了，聊斋里的狐狸精，不是一个个都美若天仙吗？"

青青不仅长得漂亮，而且很会穿衣打扮。

那时我们都穿宽大臃肿的休闲服，而唯独青青总是穿着各种花枝招展的小裙子，既俏皮又可爱。因此一堆女孩子站在那里，别人第一眼看到的肯定是青青。

那个时候我便常常在想，这样的女子若经过了时光的历练，有了更多见识和阅历，将会是何等的倾国倾城？

大学毕业之后为了工作和生活，大家都开始兵荒马乱地各奔东西。一度很多同学都失去了联系，时间一长，我对很多同学的印象都开始逐渐模糊了，唯独与众不同的青青，在我的心中一直格外清晰。

辗转得知青青的消息已是大学毕业后的第六年。

那时我们已各自成家，有一次我刚好要到青青所在的城市出差，便寻思着去看看她。我事先没有联系她，准备给她一个惊喜。

一路上在心里无数次地勾勒着，三十来岁的女子，正是大好的年华，一直对自己要求颇高的青青，不知道现在是何等摇曳生姿的曼妙风情？

尽管现在的自己，再也不是当年的丑小鸭，可是一想到青青当年的风采，我还是在心里不自觉地感觉到我永远只是她的陪衬。

2

我按照青青以前留的地址，很顺利地找到了她经营的那间文化用品商店。我推门走了进去，看见一个穿着一身深紫色运动装、脸色略显沧桑的中年女子正低着头在整理货架，房间的光线有些暗淡，我看不清她的面目。

我轻声询问道："请问顾青青在吗？"

那女子听到我的声音，停止了手中的工作抬起头来，有点惊诧地问我："我就是，请问你是哪位？"

我有点不相信自己的眼睛，这还是大学时的那个鹤立鸡群的顾青青吗？尽管她都自己承认了，可我还是无法相信。

我回答着她的问话："我是黄菊笙啊！"

"菊笙？ 201宿舍的菊笙？"青青有点不相信似的盯着我问。

"是的，是我！"我一边承认着自己的身份，一边仍然不相信似的盯着她看。

她突然笑了，"哎呀，你的变化也太大了，美得跟天仙似的，都快认不出来了，快里边坐。"

青青一边麻利地招呼我坐了下来，一边取杯子给我泡茶。

我仔细打量起来她的商店来。不过二十多平米的样子，里面摆满了各种各样的文具。我深深叹息了一声，她那昔日的风采，或许是被这堆文具埋没了。

青青给我冲好茶后，便坐下来陪我聊天。

我们聊起各自的生活，我这些年倒是过得顺风顺水，而她这些年却过得并不如意。

　　大学毕业后的第一年，青青的父亲便去逝了，母亲又体弱多病，后来她便草草地嫁了人。丈夫却是一个不思进取的人，孩子又没人帮着带，她无法出去上班，只好开了这家小店。

　　当我们回忆起校园时光的时候，青青的眼睛里浮起了一层浓浓的忧伤。

　　我找不到安慰她的话语，便打开手机调出我翻拍的大学时的合影。

　　在一片如茵的草地上，我们都是丑小鸭，只有穿着黑红格子裙的青青，高贵美丽得像一只天鹅。

　　看着看着，青青的眼圈就红了，她深深地叹了口气说："都是昨日的光景了，今日的我早已被生活所埋没。倒是你，惊艳得让人好生羡慕。"

　　我紧紧握住青青的手说："不，青青，你在我心中一直是那个追求完美的女子，任何时候不管发生什么，都不要放弃自己。"

　　青青也用力地握了握我的手，重重地点了点头，却哽咽着说不出一句话来。

　　跟青青告别时，我感觉到她眼神里有了一些意味不明的东西，而我却无能为力，心里充满了苍凉的忧伤。

3

坐在出租车里，看着夜色中街道上急驶的车辆，我忍不住在心底想一个问题：埋没青青的真的是生活吗？是那些不如意扼杀了她的美丽，还是她自己向艰辛的生活主动丢盔弃甲，早早地放弃了自己呢？

曾经在一个时尚杂志上看到这样一条消息，说中国女性不懂时尚，很多女性更是在婚后就放弃了自己的形象工程。不由得想起前段时间，网上闹得沸沸扬扬的一则新闻：一个男子嫌自己的妻子太过节俭，形象数十年如一日而坚决要离婚。

真不知道这个妻子在面对这一事实时会做何感想？

人说女人如花，爱美也是每一个女人的天性。

想着青青的巨大反差，我唏嘘不已。

又过了四年，是我们大学十年同学聚会。

我暗暗在心里感慨，不知道大家见了如今的青青会做何感想？

只怕很多男生，都要大失所望了。

然而事情总是出乎我的意料。

当一身小黑裙、烫着波浪卷发的青青蹬着红色高跟鞋、挎着大红的牛皮包来到酒店大堂的时候，同学们立刻人声鼎沸起来了。

就连我也看得眼睛发直了，那神态，那气质，那凹凸有致的身材，简直是翻版的林志玲。很多同学感叹着，女神就是女神，这么多年过去了，只要一出场依然是艳压群芳。

我和青青悄悄交换了眼神，青青冲我优雅地笑了笑，我把青青拉到一旁，有点不相信地说："青青，你真是太漂亮了！"

青青紧紧握住我的手说："谢谢你，亲爱的！正是因为当年你来看我，让我认识到这些年来自己活得有多么糟糕。所以你走后我便开始努力地改变自己。我们是女人，怎么能活得不漂亮呢？"

我们紧紧地拥抱在了一起。

4

是啊！我们都是女人，怎么能活得不漂亮呢？这句话说得真好！

很多时候，我们总以为埋葬我们的是生活，其实更多的时候，只是我们内心失去了追求美好的信念。

曾经有一个做化妆品的朋友请我去参加一个聚会，聚会中的女子一个比一个活得漂亮优雅。不管是三十岁还是五十岁，她们每个人都拥有自己的风采和神韵。在看到她们的那一刻，我内心的触动非常大。那一刻我真的开始相信，这世界上，没有丑女人，只有懒女人。

更多时候，毁去你的美丽的是你的懒惰和自我放纵。

很多时候，表面上看来是生活的不如意、诸多的挫折、突如其来的变故让我们变得面目全非了，而实际上改变你的，正是你自己，也只能是你自己。

　　不管你是变好还变坏，都是你自己的事情，没有人会为你的改变买单。

　　当你轻易地与现实妥协，当你不再在意自己是否美丽，当你不再努力地保持和管理好自己的身材，当你对生活的标准也开始慢慢降低，那么你就无法活出精彩又美丽的人生。

　　雪小婵说，一个女人所走过的路、读过的书都会融入她的气质。而只有在任何时候，都不放松对自己的要求，才能经受得起岁月的打磨，扛得住变故的侵蚀，从而沉淀出具有质感的风韵和光芒。

⊙ 自己没有埋头奋进，就不要怨天尤人

1

有一次，和清子、盈盈等几个姐妹在城墙根下的一家火锅店里吃火锅。

清子充满感慨地说："这些年了，总感觉也没闲着，你说我们都忙了些什么呀，怎么总感觉一无所获呢？"

莉莉说："仔细想想，真的是这样，除了姐姐没有放弃自己外，我们好像都没什么长进。岁月可真是一把杀猪刀，当年的花骨朵，如今都要成为满地堆积的黄花了！"

盈盈也附和着说："是啊！你看婚姻、孩子、工作，哪一样不是焦头烂额的。真恨透了这兵荒马乱的日子，早知今日，不如单身到底了。"

一时间大家都陷入了安静的遐想。

听着大家越来越消极的言谈，我不想再进行这个话题了，便提议大家继续喝酒。

　　酒可真是个好东西，几个杯子碰到一起，一帮小姐妹顿时又鲜活起来，此前的烦恼一扫而空："天空飘过五个字，那都不是事儿！"

　　大家又继续跟美食美酒战斗，突然我的手机响了，一看是个陌生号码，我以为是骚扰电话所以直接按了挂断键。

　　可是没过片刻，手机又响了，一看还是那个号码，也许是哪个认识我的朋友呢？

　　我示意大家继续用餐，起身找了一个安静的地方接电话。刚一按下听筒，手机里立马传来一个特别甜美的声音，字正腔圆地说道："这里是中央电台音乐广播 FM93.8，欢迎你与我们一起走进一段快乐的美文之旅，我是……"。

　　果真是骚扰电话，我立即挂断了电话回到座位上。

　　过了不到一分钟，手机有滴滴的短信提示。

　　我打开一看，还是刚才的那个号码，心想这骗子真执着，不过还是点开看了一眼，结果却大吃一惊，只见短信中写道：

　　"亲爱的，我是老八诗诗，那个当初睡你上铺的余诗诗，你不会是忘了我吧？刚才只是跟你开个玩笑，你以为我是骗子吧？过几日我来古都办事，你约上清子她们几个，我们聚一下。短信不用回复了，我刚才已经听到你的声音了，来了之后我联系你们！爱你们，老八诗诗！"

　　我问大家："余诗诗你们还记得不？"

青子说："就是当初我们宿舍的那个一心想当播音员的老八余诗诗？不都失联很多年了吗？你怎么突然想到她了？"

我说："不是我突然想到，是她很快就会来西安，到时会约我们聚会！"

"不会吧，失踪了这么多年，她过得怎么样？"大家异口同声地问。

我笑笑："应该不错吧，见了不就知道了吗？答案很快就会揭晓的。"

于是大家又开始七嘴八舌地回忆当初发生在学校的那些有意思的事。

2

记得那是开学前的头一天晚上，整个宿舍里大家的行李都安置好了，只有我的上铺还有一个空位。

大家都在庆幸，有这么一个空铺让我们放杂物，于是一些杂七杂八的东西都放到那上面。

结果到晚上九点多的时候，进来了一个提着一堆行李留着短发的姑娘，看着放得满满的铺位显得有点不知所措。

我们纷纷起身去取自己的东西，很快便把那个铺位腾空了。

当时已经很晚了，为了不耽误休息，所以我们几个开始帮她收拾铺位。

她冲我们浅浅一笑，露出一口小白牙："不好意思，我家里有事，来晚了，给大家添麻烦了，谢谢大家。"

我们一听她说的话便乐了，她的普通话里带着浓重的鼻音，一听便知是陕北人。

清子问她："你是陕北哪里的？"

她说："美子（米脂）的。"

我说："自古米脂出美女啊！"

她笑了笑："俄不是米女。"她说的"美"字听起来更像"米"字，引得我们一阵大笑，她也不好意思地笑了。

第二天晚上，我们围在一起做自我介绍的时候，她因为那一口浓郁的陕北话闹出了一个笑话。

她来的最晚，自然是最后一个做自我介绍。

她说："大家好！俄叫余撕撕，余是年年有余的余，撕是撕人的撕。"

由于她的普通话特别不标准，我们都听不懂她在说什么，一直问她哪个撕人的撕，怎么会有这么奇怪的名字？

她也急了，越解释越说不清楚，到最后还是盈盈恍然大悟："是不是唐诗宋词的那个诗？"

她如临大赦，长长地松了口气，而我们却笑作了一团。

后来我们一致通过，按来宿舍报道的先后顺序给大家排序。我去得最早，自然成了大姐，而到得最晚的余诗诗就成了老八。

大家在一起生活，免不了有各方面的接触，我们经常被诗诗的一口陕北话搞得晕头转向。

闲了的时候，我们总拿她寻开心，没事总学她说陕北话。

很长的一段时间里，在我们宿舍，"后生""女女"之类的陕北名词成了一种时尚。

而诗诗性格极好，从来不跟我们生气，每当我们因为学她说话而笑作一团的时候，她顶多只是红红脸，然后跟我们一起笑。

突然有一天，诗诗带回来了一些有关语音学的书籍，而且开始利用业余时间对着复读机学普通话的发音，甚至到了废寝忘食的地步。

我们一看，都以为她是受了我们嘲笑的打击所以才会这样，便再也不拿这个开她的玩笑了。

可她却告诉我们，她学普通话并不是因为我们笑她，是她真心想学，她以后想成为一名播音员，因为她喜欢电台里那些主播动听的声音。

大家一听都感觉她够疯狂的，都以为她只是说说而已，谁也没放在心上。

3

半年过去了，诗诗并没有放弃她的决定。当我们每天放学后去打球或去参加社团活动的时候，她总是坐在宿舍里练习普通话的发音，或者收听广播。

刚开始的时候，她那蹩脚的普通话，实在让我们的耳朵很不舒服，于是都委婉地提醒她可不可以找个安静点的地方练习。

她听了我们的建议，开始早上五点半就起床，每天去学校的畅志园里练习一个小时。

一年下来，她的普通话已经有了明显的进步，可是很多发音还是不准。她自己也有点沮丧，觉得自己太笨了。

盈盈说："老八，我看你还是算了，你就不是那块料，何必为难自己呢?"

她看了一眼盈盈，沉默着不说话，果真便不再练了。

可是一周以后，她又开始练习，而且比以前更疯狂。

不知听谁说，如果想克服普通话里翘舌音的发音习惯，说话的时候在舌头上压一小块石头效果会很好，于是她便天天含着石头练习。

我们都说她走火入魔了，她却依然乐此不疲。此后几年，我们在似水的光阴里虚度着自己的年华，只有诗诗始终在争分夺秒地跟她的普通话决战。

　　毕业前夕，虽然诗诗拿到了普通话二级证书，但是却并没有电台愿意聘请她。最后，她被深圳一家文化公司签走了，好像是做出版策划，跟播音一点关系都没有。

　　毕业后大家各奔东西，时间一长，便一度失去了联系。

　　接到诗诗的电话是十天之后。

　　电话里，余诗诗讲着一口标准而流利的普通话："亲爱的大姐，本宫打马过长安了，你还不快点来接驾！"

　　我笑着揶揄她："失踪了这么多年，感情你是去拍电视剧了啊？"

　　我们一帮姐妹约在了外婆印象见面。

　　见面之后，大家一下子又恢复了以往嘻嘻哈哈的欢闹，好像我们只是昨天刚刚告别，不能不说，同学情真的是一种非常奇妙的感情。

　　闹够了，自然少不了交换彼此的信息。

　　我们几个一直有联络，自然把重点放在了诗诗身上。

　　我们都非常关切地问："诗诗，你后来从事播音工作了吗？"

　　诗诗非常自豪地把播音证掏出来给我们看："我现在可是如假包换的播音员了，要不要我给你们来一段现场直播？"

　　"亲爱的，你真棒！"

　　"这么多年来，也只有你一直坚持着自己的梦想，而今终于美梦成真了！付出就有回报，我真心替你感到欣慰！"我看着她的播音证高兴地说。

大家一齐举杯，为诗诗取得的成功表示祝贺。

4

送走了诗诗，几个姐妹再聚到一起的时候便开始讨论，是不是也该为自己的人生和梦想去做点什么了，然后便陷入了久久的沉思当中。

人说一分耕耘，便有一分收获。很多时候，在我们为自己的不成功找理由、找借口，甚至抱怨命运不济、时不待我的时候，可曾为了自己想要的收获努力过？

很多时候我们一边谈着理想，却一边抱着手机发微信、刷朋友圈，看一集又一集的狗血连续剧。

而当别人取得成功的时候，除了眼巴巴地看着，自怨自艾感叹命运不济，我们还能做什么？

如果你并没为自己的梦想付出过努力，就不要再替自己找借口。

相对于承认自己不努力和懒惰懦弱来说，或许感叹命运不济的确更能让你心安理得，从而舒心地接受自己的平庸无能，可是你浪费的却是你的整个人生。

人与人之间本来没有太大的差别。如果别人一直在埋头奋进，你只会怨天尤人，那么这就是最本质的差别，也是一生都无法扭转的差别。

⊙ 做人就要做精英，没人生来是屌丝

1

黄灿灿接到北京邮电大学录取通知书的时候，整个山村都鼎沸了。他是这个村子有史以来唯一一个考到北京的娃，而且还是那么好的学校。

村里不仅给他发了奖学金，还专门在小学的操场上为他举办了一场庆功会。

黄灿灿佩戴着大红花，端端正正地坐在主席台上，给底下的小学生传授自己成功的学习经验。

那个时候，黄灿灿觉得自己的人生，就像是一轮金光万丈的太阳。大都市的繁华、心中的梦想以及更好的生活，仿佛都在向他招手。连睡觉做梦的时候，他的嘴角都挂着甜甜的笑。他的父母更是开心得一下子年轻了十岁，两个弟弟也以有他这样的哥哥为荣。

可是，没想到几天之后黄家却发生了一场天大的变故。黄灿灿的父亲坐班车到镇上去买化肥时，没想到回来的路上车翻了，他父亲受

了重伤。

当得知这个消息之后，黄灿灿的母亲一下了就懵了，一屁股坐在地上号啕大哭。黄灿灿只觉得自己头顶上突然一声惊雷，轰的一下便炸开了，大脑顿时一片空白。

一家人急急忙忙赶到了县医院。

黄灿灿的父亲在抢救室里呆了一天一夜，又转向重症监护室。医生说，如果能有幸保住性命，只怕以后也是终生瘫痪了。

黄灿灿扶着母亲的肩膀说："别怕，不管父亲怎么样，还有我呢！我已经是大人了，这个家垮不了。"

母亲抱住黄灿灿哭得更加撕心裂肺。

黄灿灿在母亲面前从来不哭，一滴眼泪都不掉，难过得实在受不了了，一个人偷偷跑到卫生间去洗把脸。

十八岁了，他已经长成男子汉了，父亲倒下了，他这个长子必须扛起这个家。

父亲被推进普通病房，已是半个月后，两条腿高位截肢。父亲看着眼窝深陷下去的黄灿灿，泪一串串地流下来，张着嘴半天没有说出一句完整的话来。

这是黄灿灿第一次看到父亲流泪。

黄灿灿一边拿纸巾给父亲擦泪，一边笑着说："老黄，你真没出息！你没了腿，不是还有我吗？你放心吧，以后我会代替你好好站着的。"

父亲还是没说话，泪水却流得更凶。

眼看着离开学的时间一天天近了，黄灿灿知道自己的梦碎了。父亲还在医院，家里还有两个需要上学的弟弟，他还如何圆得了他的大学梦？

他掏出录取通知书，一下子撕了个粉碎，撕了之后又舍不得，又捡起来拿透明胶带一点一点地粘了起来，然后把它叠好放在最贴身的口袋里。

就算不能上学，以后也是个念想吧！

父亲老泪纵横地说："灿儿，我对不住你啊！"

黄灿灿笑着对父亲说："老黄，你怎么这一病，变得爱哭起来？我们是一家人，你是我父亲，我们应该共渡难关，有什么对得住对不住的？"

父亲知道黄灿灿不过是懂事，想逗自己开心，便又咧着嘴笑，只是那笑比哭还难看。

黄灿灿走出父亲的病房，来到楼下，坐在医院的小花园里哭了个够。

2

一个月后，父亲终于出院了。安顿好了家里，黄灿灿打起了鼓鼓的背包，只身去了北京。

曾经，北京是离他梦想最近的地方，所以就算没办法在这里上大学，他也想看看自己梦寐以求的北京。

到了北京之后的那天，他第一站去的就是北京邮电大学。他在学校门口来来回回走了两个小时，内心的酸楚翻江倒海，可是为了生活，他只能暂时收起梦想的翅膀。

高中毕业，又没什么社会经验，黄灿灿自然找不到好的工作。只得先去建筑工地做水泥工，那是最没技术含量的活了，只要肯卖力气就行。

刚开始去的时候，看着瘦弱似书生的黄灿灿，包工头说："我这儿的活又重又累，我看你这身体，还是到餐馆去给人端盘子吧！"

黄灿灿一脸坚定地说："你试用我一天，如果不行我再走人！这一天我不要工钱。"

黄灿灿说干就干，尽管半天下来，累得骨头都要散架了，胳膊都痛得肿起来了，手上也磨出了血泡，可是黄灿灿硬是咬着牙挺着，一点也不比其他人落后。

包工头看他还真的能吃苦，重重地在他肩头擂了一拳："没想到你小子还挺有种，留下来吧！"

就这样黄灿灿留在了工地，晚上工人们打纸牌消磨时间，黄灿灿总是捧着自己在旧书摊上买来的书，躺在自己的铺位上读得津津有味。

这样的黄灿灿显然跟其他工友显得有点格格不入。

有一天，一个工友喝了点酒，就故意来找他的茬儿，非拉着黄灿灿打纸牌，可黄灿灿却坚决不愿意。

那工友恼了："你小子以为你是谁啊？有什么好清高的？你不过跟我们一样，都是活在这个城市的蚂蚁，用电视上最流行的一句话说，就是屌丝的命。你再挣扎、再扑腾这一生也就这样了！你以为你能变成高富帅啊？"

黄灿灿一脸倔强地说："谁一出生就是屌丝了？我相信命运始终掌握在自己手上！"

"你小子还嘴硬。"那工友伸手去推黄灿灿，结果黄灿灿身子一闪，不小心口袋里的录取通知书掉在了地上。

工友捡起来看了又看，然后沉默地拉了拉黄灿灿的衣领，就回去自己埋头喝酒了。过了一会儿，他大着舌头对工友们说："以后，谁也不许骚扰小黄，那小子有种。"

有了和谐的环境，黄灿灿更努力了，无论是工作还是业余的学习，他始终相信，有汗水才有收获。

他开始上夜大，学建筑设计，学电脑制图，在工作上更是主动熟悉不同的工种。虽然他只是一名建筑工人，但他知道这并不是自己的终点，只是起点。

一年后，由于他的勤奋好学，便被提升为带班。成了带班以后，黄灿灿反而更加谦和地与工友们打成一片，在工人中的威信也越来越高了。

成功总是更钟爱那些有准备的人，三年以后黄灿灿不但拿到了经济管理学的毕业证，而且还成了建筑公司最年轻的项目经理。

他用自己的勤劳和智慧征服了很多人。

3

所谓英雄不问出处，大家再见到黄灿灿，除了敬佩就是喝彩。很多当年一起打工的工友，更是对他佩服得五体投地，更恨自己的不争气和不努力。

黄灿灿自己知道，他想要的远不止这些，他的梦想一直是在更远的远方。

黄灿灿利用自己的工作关系，开始接触行业里方方面面的人，结识了许多自己的关系户。

无数个日日夜夜，他都在默默地积蓄着能量，他要努力把根在地上扎得更深一点。很多时候远眺着城市夜色里的灯火，他始终坚信总有一盏灯会是属于自己的。

二十五岁的时候，黄灿灿用四处筹借的资金注册了自己的建筑工程公司，有了之前打下的坚实基础，很快他的公司便在这种良性的循环下走上了正轨。

在接下来的时间里，黄灿灿像一只旋转的陀螺，马不停蹄地奔走着、追逐着……

如今刚刚三十岁的黄灿灿，终于不再是游走于这个城市的边缘人，终于不再需要依靠出卖体力来维持生存，他已经坐在宽大的玻璃窗里，一边从容不迫地喝着咖啡，一边签阅着一份份文件。

黄灿灿用他的努力和行动有力地告诉我们，不管命运给你的是什么，你都不能自怨自艾，只有努力地与生活和苦难对抗，你才能成为最终掌握自己命运的强者。

4

人们常说，心有多大，舞台就有多大。你的思想高度和你的执行力，最终决定了你能走多远。

人这一生，说长也长，说短也短，关键看我们如果度过。如果你认为自己是屌丝，那么你每天便会空想，懒惰无为，怯懦自卑，然后自己扼杀了所有的热情和活力，最终把自己变一个平庸无为的人。

相反，如果你认为自己是精英，你就会拿精英的标准去要求自己。

每一个精英都不是从天而降的。他们必然都会经历一个长期而艰苦的奋斗过程，努力使自己成长，坚持不懈、坚定不移地朝着自己的目标前进，一路上更是洒下了无数的心酸和汗水，而且他们从来都没有退缩过。

　　我想每个人都是渴望成功的，又有谁心甘情愿地当屌丝呢?

　　在这个标新立异的时代，有一些平庸无为的人总喜欢以屌丝自居。虽然有点无奈的自嘲意味，却也表明了他们骨子里的懒惰和不思进取。如果你心甘情愿地当一个屌丝，没有人会把你变成精英。

　　你想成为什么样的人，全是你自己的选择，你是屌丝或者是精英，也一样是你自己选择的结果。能够支撑我们走向精彩的，只是自己的信念和努力。

　　如果你还在为自己的平庸无为而自我嘲讽，那么不如化悲观为力量，努力地行动起来吧! 一定要相信，这世界没有与生俱来的屌丝，只有努力拼搏的精英。

▶ 你从未真正拼过，只是在敷衍自己

1

A 姑娘是我朋友的朋友，一年前我们曾在一起吃过一顿饭，当时 A 姑娘给我的印象特别好。

在那顿饭中，A 姑娘不止言谈举止得当适宜，语言里流露出来的更是满满的积极阳光。这样得体上进的姑娘，谁不喜欢呢？

我们互加了微信，A 姑娘的朋友圈里，也一直转发的都是一些充满正能量的文章；每逢有她的照片发出，也一定是一副阳光灿烂的样子。总之，A 姑娘给人的感觉就是，她是一个为自己人生努力拼搏的姑娘。

前几日跟朋友见面，刚好又看到 A 姑娘发的朋友圈，我顺便跟朋友问了一句："你的朋友小 A 最近怎么样？看她的朋友圈，应该过得挺不错的吧？那么积极努力的姑娘，我想老天一定会眷顾她的。"

谁知朋友重重地叹息了一声："你不提她还好，一提到她我就特别无语。"

我不解地问："怎么了？"

"我们都被她骗了！"朋友有点烦躁地说。

"哦，我们怎么就被她骗了呢？"我充满了好奇。

"你是不知道，她现在就寄住在我家里！"

"不是在外地吗？我前几天看她发的朋友圈，还是一脸阳光的在西湖的照片啊！"

"哪呀！这段时间一直在我家。她才回来那会儿说没地方住，反正又知道我一个人住，要在我家里借住几天，说等找到工作就走。是朋友我当然要帮她啦！可是你不知道，这都一个多月个了，她说找工作也不找。每天睡到日上三竿才起来，然后顶多出去转一圈，回来后就抱着手机刷朋友圈，整天发的都是一些心灵鸡汤类的东西。我劝了她几回，她表面上应承着，可是每天还是一样。就连我家的房子脏了，她也不帮我收拾一下，还是我每天下班回来自己收拾，我都快崩溃了！"

朋友一口气说完，满脸焦灼地看着我："你快帮我想想办法，我不想让她在我家住了，你说我该怎么办啊？"

碰到这样的人，我也一时无语，想了半天我只能这样跟朋友直言："实在不行，你就告诉她，你看不惯她的这种生活状态，不想让她住了。"

我怎么也没想到，表面上看起来那么上进的姑娘，实际上竟然是这样一副生活状态。

你身边又会有多少这样的人？

表面上看起来阳光积极，可是一到实际生活里，就只会做表面文章，却总是缺乏实际的行动力？

2

还认识一个姐姐，姑且叫她"差不多姐姐"吧！之所以这样叫她，是因为无论遇到什么事情，她总是喜欢说："差不多就行了。"

第一次见面的时候，是在一个朋友的店里，当时我进去找朋友聊天的时候，正好她已经在朋友那里了。

我和朋友聊起近期糟糕的经营情况，由于市场行情不好，朋友也是一副愁云惨淡的样子。她在一旁听到我们对话，便说："你们别要求太高了，差不多就行了！"

那个时候我以为她在安慰我们，便冲她宽慰地笑笑。

一会儿朋友店里进来一个顾客试衣服，那顾客对着穿衣镜左照照右照照，不是嫌腰上太肥了，就是嫌衣服上的图案没有设计在她想要的位置。

她听到了依然对那顾客说："哪有那么十全十美的事情，差不多就行了！"

那个顾客没说话，看了她一眼换下衣服，转身走了！

过了一会儿，有个女孩因为上午买的衣服，拿回去自己又不喜欢那颜色了前来调换。而不巧的是，那女孩想换的颜色正好卖完了。女孩子非常失望地拿着衣服一边在镜子前头比画着，一边闷闷不乐地央求朋友替她调货。

这时那个姐姐又说："我看你穿这个颜色的也不错啊！差不多就行了！"

那女孩子瞪了她一眼："你谁呀？人家老板娘都没说不替我调货，你差不多什么？我就是要那个颜色，怎么了？"

朋友见顾客不高兴了，便对她说："姐姐，你先回去，我一会儿去找你。"

她只好走了。

后来我问朋友她是谁，朋友说就是本商场做另外一个品牌的一个姐姐。

我就问朋友她店里生意怎样，朋友说你说还能怎样，她做什么事情都是差不多就行了，自然是好不到哪去。

自此，我便记住了有这样一个什么事情都是差不多的姐姐。

后来我有一次在电梯里碰到她，就问她："姐姐，你怎么总喜欢说差不多就行了？"

她想也不想地说："生活本身就应该顺其自然啊！我觉得一切老天都有安排，不要刻意去追求什么，差不多也就这样了。"

我笑着问她："既然你认为什么都是差不多就行了，那你为什么还要每天早早来开门营业呢？在家里休息不是很好的吗？"

她说："那不行，商场会罚款的。"

很快到了我的楼层。我实在怎么也想不明白，为什么她那么喜欢"差不多"这个词。既然差不多就行了，那么你一天还起早贪黑的做什么？

时间一样没少花，别人上班十个小时，你也是十个小时，为什么别人的收入总会比你的多呢？其实这也是一种自我敷衍的行为。

3

还认识一个朋友，是一个中学老师，整天沉默寡言的，更不会高调地在你面前展示什么。但是你每见她一次，都能感觉到她身上巨大的成长和进步。

她仿佛就是一个巨大的宝藏库，总蕴藏着你看不见的能量和让你意想不到的惊喜。

我常常问她："你可有什么灵丹妙药？"

她笑着说："你想做什么，用尽全力就行了。"

当时我并没把她的话放在心上。

有一次去找她时她不在，然后她学校的人说她去排练舞蹈了。

"是去看别人排练舞蹈了吗？"我有点吃惊地问，以为自己听错了。

以我对她的了解和熟悉程度，知道她并不会跳舞，那她排练什么舞蹈呢？自然是去看别人排练舞蹈了。

"不，是她自己考舞蹈证呢！"

我问了她学校的舞蹈室，一路寻了过去。

在到舞蹈教室之前一直在想，从小又没有舞蹈基础，三十岁了才开始学跳舞，能跳成什么样子？一定是腿僵胳膊硬的了吧？

我到的时候，她正在忘我地起舞，为了不打扰她，我便偷偷在窗户外面偷看。

下腰，甩袖，腾空，她的每一个动作都精准到位，而且那姿势，那眼神跟一个专业的舞者简直就没有区别。

我彻底被她征服了，看着她那么精彩的舞蹈，不禁忘我地鼓起掌来。原本以为她会停下来跟我说话，却没想到她根本就没听见，依然随着音乐自顾自地跳着。

等舞曲完了，我推门进去的时候，她才知道我来了。

我们坐在地板上聊天，我无意中碰到她的膝盖，她露出非常痛苦的表情。我撩起她的裤子一看，腿上都是青一块，紫一块的。

我心疼地说："你这又是何苦呢？"

她微微一笑："你不觉得，当你拼尽全力去做一件你喜欢的事情，然后取得自己想要的结果，是一件非常有意义的事情吗？"

在那一刻，我被她深深感染了。

难怪她总能呈现出不一样的光彩，这种光彩就是不管做什么事情，她都是一副拼尽全力的样子。

4

世事最怕"认真"二字，任何时候，只要你愿意拼尽全力去努力，就算达不到想要的目标，结果也一定不会太坏，怕就怕在你不肯努力，还总是装出一副积极向上的样子，就像那掩耳盗铃的傻子一样。

有没有这样似曾相识的感觉？

每年年底的时候，我们总是无限惶恐地去总结自己这一年的成绩，可总结来总结去，你才发现这一年依然是虚度岁月；因为你年初安排的目标，基本都没完成。

然后你在自责悔恨中开始安排明年的计划，自己在心里告诉自己，明年我一定要努力拼搏；可是明年却又是今年的重复；再然后，你一天天便老了！

蓦然回首，你还是那个毫无长进的你；而这一生，就这样悄悄地过去了，到头来你什么也没有。

又有多少人的一生，是浪费在这种自我欺骗的敷衍上？

每日嚷嚷着要奋斗，要努力，你行动了吗？

每天喊着要拼搏，实际上你拼过吗？

　　真的拼尽全力，是不到黄河心不死的决心，是流血流汗不流泪的坚韧，是风雨无阻的毅力，更是誓不罢休的决绝。

　　它绝对不是自我安慰的敷衍、虚与应付的表面文章、勉强维持的苟延残喘、掩耳盗铃的口号，而是要付出具体行动。

　　你一生的平庸无为，说白了就是你不努力，还总是喜欢虚伪地应付自己。表面上你挂着一块努力拼搏、积极向上的牌子，而实际上却卖着虚伪慵懒、维持应付的腐肉。

　　而最糟糕的是，这些肉会归终与你融为一体，让你一生都痛苦不堪。

　　任何时候，都不要做一个敷衍的人，敷衍的结果只会让你活得像一摊扶不上墙的烂泥。

⊙ 你曾经吃的苦，都会成为你将来的福

1

中国有句古话："吃得苦中苦，方为人上人。"要想成为一个成功的人，谁的人生能不吃苦？

周丽丽喜欢画画，不是画在纸上，而是石头上。周丽丽的石头画不仅惟妙惟肖，而且意境悠远。

她画山是远山含黛，画水是烟水缥缈，画竹是摇曳生姿，画花鸟更是鲜活欲立。总之见过周丽丽画石头画的人，都特别欣赏她的才气。

但是很多人都只是看过她的画，却并没见过她本人，因为周丽丽一向是一个特别低调的人，很多人都是通过网络知道她的画的。

周丽丽这独具特色的画，迅速地走红小城，她应邀在本地电视台接受了专访。

当周丽丽优雅地坐大家面前的时候，所以有人都惊呆了！

原来周丽丽不止才气氤氲，更是貌若天仙，而更重要的她那优雅而出众的气质，让所有看到她的人，都止不住地惊叹：世间怎么能有

如此优雅而美好的女子？此女只应天上有，人间哪得几回见？

大家纷纷猜测着：这样优秀而出众的女子，必定从小出身于书香世家，只有经过文化侵染的女子，才能呈现出如此迷人的芬芳。

这样一个女子，谁不想了解呢？很多网友纷纷给电视台发消息询问周丽丽的出身。

最后在专访快结束的时候，主持人问周丽丽："周女士，很多朋友都对我们这期的节目非常关注，而且大家都对你的家庭很好奇，你愿意跟大家分享一下你的教育经历吗？"

周丽丽端庄而娴雅地笑了笑，然后说："如果我说我从小生活在边远的山村，更没有接受过什么高等教育，大家相信吗？"

主持人惊呆了，立即意识到不能失去这个打开话题的机会，于是激动地说："如此励志的故事，你一定更要分享给大家了！"

周丽丽微笑地点了点头，慢慢地道出了自己的故事。

她在初中没上完的时候，因为家里的巨大变故而失学了。可是她从来没有放弃过自己，只要一有闲暇的时间，便开始阅读各种各样的书籍，很快她的文化修养便得到了很大的提升。

后来她迷上了国画，无论每天的工作和生活有多忙，她都数十年如一日地夏练三伏，冬练三九，很快她的画便自成一派。有一天到江边玩的时候，她无意中发现一块很特别的石头，她突发奇想：如果能够在石头上画画，会是怎样一番景象？

她一次次地尝试，却一次次的失败，可是她从来没想过要放弃。

这中间光画坏的笔头都有好几筐了，而且刚开始的时候家里人也不支持，觉得她不务正业，可是她却知道自己想要的是什么。

"最难的时候，我甚至一天只吃一顿饭……"回忆起那时候的艰辛，周丽丽几乎哽咽着说不下去了。然后她抬起头来接着说："所有支撑我的动力，就是我一定要变得更好！如今一切都过去了，我也做到了！"

节目最后，周丽丽充满深意地对大家说："不过现在想来，我非常感谢那个时候吃的苦，若不是那些苦难的磨砺，怎么会有今天的我？所以当我们遇到苦难的时候，一定不要害怕，你曾经吃的苦，都会成为你将来的福。"

现场响起了热烈的掌声，经久不息。

2

人这一生不可能永远是顺风顺水的，关键看我们在面对生活的困难时，以怎样的心态来担当和承受。

很早的时候，我曾写过一篇有关王庭德的文字，他的确是一个让人心生敬畏的青年。

因高烧无钱医治导致后天侏儒，身高只有 1.27 米的王庭德，无疑是生活的强者。

王庭德的网名叫心梦，出生于陕西旬县一个偏远的小山村，从小父疯母盲，家境清贫，后来他一直寄住在叔婶家。由于清贫的家境和悲苦的命运，只勉强上到初中便辍学了，可是他却并没有向命运低头。

他用自己并不宽厚的肩膀，勇敢地扛起了生活的重担，而且从未畏惧命运的捉弄和打击。在坚持不懈的努力下，他学会了写通讯稿、电脑打字、文学创作，现在已经是陕西作家协会的会员。

而他以自己亲身经历创作的《这世界无须仰视》一书，更是激励了无数的青年。可是又有多少人知道为此他吃了多少苦?

在上小学的时候，他曾为了凑够学费去拔野猪麻，结果被马蜂蜇得差点送了命;

在初中的时候，他为了能够继续上学凑生活费而去学照相，寒冬腊月的跑去几百公里外冲洗胶卷，只为了省钱差点冻死在楼梯道里。

为了生计四处流浪，但他却从没选择毫无尊严的乞讨。他给自己的要求只有一个，那就是靠自己的努力，自食其力地生存下来。为了实现这一目标，他付出了比常人多无数倍的努力。

为了糊口，他曾四处找工作却四处碰壁，为此他也曾绝望过、灰心过，但是却从未放弃。

他一次次在别人的讥笑辱骂里倔强地仰起头，他一次次在别人的冷言冷语白眼嘲讽下坚强地向前奋进，他一次次在命运无情的打击下自强不息，他就是一个勇于与生活、与苦难战斗的勇士。

正是由于这份勇敢和坚忍，命运之神终于为他打开了一扇窗。在一些社会上好心人的帮助下，他学会了写通讯稿，电脑打字，然后进行文学创作，最后进了安康图书馆工作。

他终于有了一份得体的工作，终于不用再为了生计四处奔波了。

尽管生活给了他这么多的磨难，他却是一个特别知道感恩的人。无论遇到什么社会捐款，他总会尽一份自己的心。

他常说一句话："没有这个社会，没有好心人的帮助，不可能有我的今天。"

他强大而自强不息的精神，就是一盏灯，照亮了无数的人。

也正是他这种不怕吃苦，勇于攀登的精神，才成全和造就了如今的他。如果他当初没有承受这份困苦和磨难的勇气，也就不会有今天的一切。

在他的身上，让我充分认识到：苦难真的是一本特别好的教科书。

3

有人说，你能吃多少苦，便能享多少福。这句话真的很有道理。一个人只有经受了苦难的磨炼，才能成长得更快，才会更坚强。

当然这些话的意思，并不是告诉我们要刻意地去吃苦，如果你的生活顺风顺水那自然更好，但如果不幸遇到苦难和磨难的时候，一定不要在苦难里自怨自艾，而是要学会坦然面对和接受，同时还要在苦难里坚强自勉。

一个只会在苦难里一蹶不振的人，肯定不会赢得别人的尊重。既然苦难已是既成的事实，无论你如何伤心痛苦，都无法改变这一局面，不如勇敢地站起来，坚强地跨过苦难。

让所有的苦难，都成为打造我们美好人生的利器。愿我们都能成为勇于搏击风暴的海燕，勇敢地与苦难做斗争。

等扛过了那些狂风暴雨，有一天蓦然回首时，你一定会发现，原来你可以走得这么远。终有一天，你会笑着感谢曾经的那些苦难，正是因为一次次的苦难，才让你有了今天的坚强和美好。

▶ 别让等明天，成为自我催眠的麻醉剂

1

很多时候，当我们看到别人取得成绩时，总会这样热血沸腾地告诫自己：等明天我也要开始努力，等明天我就开始练习，等明天我就改变自己……可是日复一日，一个一个明天就这样过去了，可是你并没有付诸实际行动。

明天真的是一个可以无限延期的词汇，明天之后还有明天，你还是那个没有长进的你，而很多原本并不出色的人，却因为珍惜每一个明天而把你远远地抛在了身后。然后你便开始感叹和焦虑，殊不知人这一生，又有多少事情都毁在等和拖上？

"我在等待，我在等待，等待的一切无所期待，我的胸膛已经干瘪，我的呼喊也充满悲烈；我在等待，我在等待，等待的明天还未到来……"

音箱里反复播放着汪峰的《等待》，此时此刻茜茜觉得汪峰那声嘶力竭的歌声，更像是一根根藤条，一下下抽打着自己的心灵。心

里堵得发慌，工作自然没办法继续，茜茜索性认真欣赏起梅西的照片来。

照片上的梅西，穿着一条藏青色的棉麻衣裙，站在美得像童话一样的城堡式哈佛美术图书馆前，笑得像三月的花朵一样灿烂，茜茜陷入了久久的沉思而不能平静……

曾几何时，去照片上这座美丽的朱红城堡图书馆里读书，也是茜茜的梦想。只是怎么走着走着，自己的梦就丢了呢？

现在所有的悔不当初，都不能代替茜茜无尽的失落和忧伤。

茜茜和梅西本是闺中好友，她们一路从小学相伴到大学。

能考上同一所大学的同一个专业，她们的水平自然是旗鼓相当的，只是如今梅西去了世界一流的高等学府深造，而茜茜却只能在一个小公司里当一个平庸的小职员。是什么原因造成了她们之间如此大的差距呢？

大一的时候，因为心中有了要考哈佛研究生的目标，梅西早早便开始准备各种材料。为了托福能够取得好成绩，每天清晨五点半就准时起来背单词。刚开始的时候，梅西洗漱后会摇醒上铺的茜茜："懒虫，快起来背单词啦！"

茜茜会揉着矇眬的睡眼嘟囔着："才大一嘛，不要这么拼命！让我再睡一会儿，明天吧！明天你再叫我。"然后任梅西再怎么叫，她都蒙着头赖床不起来。

梅西连着叫了一周，茜茜总是说："明天吧！明天再叫我。"

一周后，梅西知道叫不起来茜茜，便不再叫了。

大二的时候，梅西开始学法语了，叫茜茜一起去报名。正聊着微信的茜茜头也不抬地说："你先报，我下一学期再报。"反正每一次梅西叫茜茜的时候，她都会说，明天，明天，下一次，下一次。

大三的时候，梅西已经为进哈佛积攒社会实践经验而开始实习了，茜茜这才如梦初醒般开始紧张和焦虑起来。可是，她哪还有那么多的明天呢？最后自然是一败涂地。

在相同的起点下，茜茜在一次次地等明天、等下次的过程中把自己变成一个公司的小职员，而梅西却用一天紧似一天的努力，把自己的梦想变成了现实。

茜茜难过地把照片扣在桌子上，一行娟秀的字迹映立即映入她的眼帘：

我亲爱的girl，别再等明天了！明日复明日，明日何其多？愿你能活在当下，学会从现在开始！

2

生活在这瞬息万变的时代，很多事情都经不起等待。不要说明天，就是下一秒，我们也无法预测会发生什么事情，更不可能会知道，明天要面临什么，会发生什么。

Z君认识阿琳的时候，正是姹紫嫣红的春天。只那么一眼，Z君就确定阿琳是他想要的女孩。她不只拥有让他怦然心动的眼神，更有让他似曾熟悉的感觉，他觉得阿琳就是他心中的水莲花。

Z君在微信上试探地问过阿琳一次，阿琳没有男朋友，而更重要的是，阿琳好像对他也有意思。

Z君心中窃喜，终于遇到心仪的女孩子了。

他便在微信上给阿琳发消息："改天，请你吃饭。"

阿琳发了一个可爱的表情，满心欢喜地问："改天是哪天？"

Z君说："等我忙完这段时间！"

虽然Z君心里一刻也没有忘记阿琳，可那段时间真的很忙，一直在外地出差，即使在本地也天天加班到深夜，所以请阿琳吃饭，向她表白的事情，便一拖再拖。

中间阿琳主动给他发过两次微信："什么时候一起吃饭？"

Z君总是说："我就快忙完了，到时候我一定请你，一定等我。"

而这一忙就是三个月。

三个月后，Z君终于有时间了，他急忙上街去给阿琳挑礼物准备表白，可是却看到阿琳拉着另外一个男孩子的手在逛街。

Z君当时就傻了，失魂落魄地回到家里。他越想心里越不是滋味，终于忍不住发短信问阿琳："我以为你是喜欢我的，为什么这么快就有了男友？"

　　阿琳回消息说："你让我等得太久了。我不知道你是真的没时间，还是有拖延症，更或是心中没有我。但是现在这些都不重要了，我现在很幸福。如果下次遇到心仪的女孩子，不要让她毫无期限地等你。这个世界上，没有任何人有义务站在原地等你。"

3

　　还记得小学时候的一篇课文，讲的是寒号鸟的故事：

　　传说中有一种小鸟叫寒号鸟，虽然不会飞翔，但却有一身非常漂亮的羽毛。这让它觉得骄傲无比，常常摇晃着羽毛，洋洋得意地唱着："凤凰都不如我漂亮，凤凰都不如我漂亮！"

　　夏天很快过去了，转眼到了秋天，很多鸟儿结伴飞到南方去过冬了。有些飞不走的，也都开始忙碌着给自己搭巢，寻觅着过冬的食物，为度过寒冷的冬天做着充分的准备。

　　只有寒号鸟，既没有飞到南方的本领，又不愿意勤劳地为度过寒冷的冬天做准备，只是不停地炫耀着自己身上漂亮的羽毛。

　　时间一天天过去了，冬天很快来临了，寒号鸟身上的羽毛掉光了。晚上天气冷极了，其他鸟儿们都有温暖的巢，而寒号鸟只能瑟瑟发抖地躲在石头缝隙里，不停地叫唤着："哆啰啰，哆啰啰，寒风冻死我，明天就垒窝，明天就垒窝！"

　　然而第二天太阳出来的时候，寒号鸟躺在暖洋洋的太阳底下，觉得晒着太阳真的好舒服啊！便一边躺在太阳底下晒太阳，一边开心地唱着："得过且过，得过且过，太阳下面真暖和！"根本忘记了晚上的寒冷，更忘记了自己的承诺。

　　天气一日冷似一日，寒号鸟丝毫没有感觉到危险的来临，就这样在日复一复地反复自欺欺人中，将给自己垒窝的事情一拖再拖，它总觉得明天之后还有明天。

　　终于在一个异常寒冷的暴风雪天气里，寒号鸟被冻死在了石头缝隙里，它再也看不到明天的太阳了。

4

　　在现实生活里，有很多寒号鸟式的人物，他们总是在自我麻痹的明日复明日里虚度光阴。等明天，表面上看来，是一个充满希望的字眼，其实却是一把软刀子，相当于慢性自杀，更是对生命一种无形的浪费。而最可怕的是，这种想法又极其舒服，既安慰了自己，又没有在表面造成什么实质的伤害，因为明天过去了还有明天啊！

　　等待，其实是一件最伤人的事情。很多时候，在等待的过程，我们不只浪费了时间，更多的时候，还消磨了激情。等着等着，不止时间一点点地流逝，就连斗志和勇气也会一点点磨光。古代兵法里说的"一鼓作气，再而衰，三而竭"讲的也是同样的道理。无限期地等下去，是最消磨人意志力的做事方式。事情是需要做的，如果只靠等，是永远也等不来结果的。正如从不给地里播种，却等着秋天能够丰收一样，无疑是在痴人说梦。

生命是有限的，我们不能把有限的生命都浪费在无休止的等待里，更不能总是自欺欺人地明日复明日。因为你永远不知道明天是什么样子的，世事无常，如果活不到明天呢？

小时候上学的时候，学校有这样两幅标语让我记忆尤其深刻，一幅是：

今日事，今日毕，等到明天更着急。

另外一幅是：

一寸光阴一寸金，寸金难买寸光阴。

只有活在当下，学会珍惜每一寸光阴，认认真真地过好每一个今天，做好今天的每一件事，我们才能拥有更灿烂的明天。

⊙ 只有学会拒绝，才能活得不纠结

1

文静财院毕业后的第一份工作，是 R 公司的会计助理。

刚去那会儿因为人生地不熟，从小到大又第一次离家这么远，难过、想家便成为文静生活的常态。

有一次，业务部的陈思思前来报账，发现文静坐在那里眼圈有点红红的，便问她是不是想家了。谁知不问还好，这一问惹得文静更加难过，眼泪止不住地就流了下来。

陈思思赶忙从口袋里掏了纸巾给文静擦眼泪。这件事之后她们俩熟悉起来。从那之后，陈思思对文静越来越关心。

陈思思年长文静几岁，又是当地人，便让文静把她叫姐。

这姐也不是白叫的，陈思思家在本地，隔三岔五地用保温盒把家里做的可口饭菜带来给文静。

每当这时，文静总一脸幸福地拉着陈思思的手说："思思姐，有你真好！"

陈思思则笑语盈盈地说："这有什么呀，谁叫我是你姐呢？"

外面的外卖都吃腻了，能吃到家里做的饭菜，对于一个外地女孩子来说，是特别温暖的。很多时候，文静觉得自己特别幸运，竟然能认识陈思思这样好的姐姐。

每逢周末闲暇的时候，文静也会买了水果去陈思思家拜访，如此一来一往，她们的关系更好了。

慢慢地，文静了解到，陈思思自己也生活得不容易，却依然对自己这么好，文静更加感动了，心想以后有机会一定要报答这个古道热肠的姐姐。

转眼半年过去了，公司会计因家里有事辞职了，文静平时工作表现出色，经过半年的历练，已经具备了独当一面的能力，便被提升为会计。

有一次，在陈思思送来的账单中，文静发现了不符合规定的项目，本来想找她问一下的，可一想到她平时对自己那么好，况且也不是什么大问题，或许是因为她没注意呢？反正数目也不大，文静便用别的名义帮她变通了一下，然后很顺利就帮她报了账。

从那之后，陈思思似乎对文静更好了。碰到因公差外出，她总会给文静带一些小礼物，就连自己买零食吃，也是自己一份文静一份。

只是慢慢地，陈思思送来的账单中，需要文静变通的项目越来越多了，文静这才开始感觉到不对，决定去找她问问。

　　文静说明了来意，陈思思却笑着拍着她的肩膀说："放心吧！你跟姐关系那么好，姐怎么会害你？我们以前也经常这么做，你是新来的，所以不太知道罢了！再说你也知道姐的难处，你就当帮姐姐了，以后姐姐一定按规定办事。"

　　文静虽然心里不情愿，可是又不好跟她翻脸，只好十分严肃地对她说："思思姐，你一定要保证这是最后一次，下不为例！"

　　陈思思开玩笑地说："好，下不为例！你这公事公办的样子，还真是可爱。"

　　可是，不久之后，陈思思再一次送来了不符合规定的账单，这时候文静终于意识到事态的严重了。这样下去，迟早她和陈思思都要受到严厉的处分，甚至还有可能触犯法律。文静不想再这样错下去了，这样既是害了她自己，也会害了陈思思，于是她决定态度坚决一些。

　　文静直接把账单拿给陈思思，告诉她不符合规定的地方必须改，否则这账没法报。

　　没想到陈思思却一改往日的温和模样，反而一脸愤怒地说："你这人怎么这样？简直一点都不知道知恩图报，枉我一直还对你这么好，真是眼瞎了！"

　　文静还想再说什么，陈思思却一把夺过账单气冲冲地走了。

　　从此两个人在单位彻底翻脸了，陈思思还逢人就说，文静是一个不懂得知恩图报的人，大家都开始鄙视文静。

而文静又不能说出事情的真相，在这件事情里自己也有错，如果说出来自己也会受到处罚的。最后，文静不得不辞职离开了。

如果文静在一开始就拒绝陈思思，事情绝不会发展到这个地步。

2

林菲和陈敏大学时是死党，关系好到可以同穿一条裤子。毕业后林菲留在 A 市结了婚，陈敏则在 C 市安家立业。

有一次，当林菲接到陈敏电话，说要来 A 市出差的时候，激动得差点跳起来。

时间过得真快，转眼她们分开已经快五年了，然而五年前她们在一起的那些快乐的青春时光，却好像还在眼前。

陈敏来的那天，林菲早早就在机场等候接机。

五年没见，在见到的一刹那，她们之间并没有任何的疏离感，反而亲热得就像昨天刚刚告别似的。林菲开着车，一路上两个人还像在学校那会儿，叽叽喳喳有说有笑地闹腾着。

很快到了市区，林菲说："敏敏，我先送你去酒店吧！"

"还去什么酒店啊？我就住你家，况且你家离我办事的地方又不远。"陈敏说。

"可是……"林菲似乎有些犹豫。

"怎么？怕你家先生不乐意？"林菲笑着反问道。

"怎么会？我只是觉得家里条件不如酒店好，怕你住着不舒服，心想还是住酒店好。"林菲思索了一下回应说。

"我又不是外人，不挑这些。再说，你家先生你俩结婚的时候我也见过。反正我不管，你说什么我都要住你家，住家里亲切亲近！就这么说定了啊，否则我跟你急。"陈敏连珠炮似的说着，根本就不容林菲再拒绝。

林菲心里却有些为难了。

原来，结婚的时候，丈夫就曾跟她约法三章，不带朋友来家里住，有亲朋来了一律安排到酒店。丈夫从小被他父母送到了国外，特立独行惯了，认为家是最私密的地方，不想被别人打扰。就连他自己的父母来，他也是主动说服他们晚上去住酒店。

刚开始的时候，林菲也不习惯，觉得这样的约定有点太不近人情了。但是这么多年以来一直按这个约定做着，倒还真给他们省了不少事儿。

可这一次陈敏非要来家里住，自己该如何跟丈夫说呢？

一路上林菲都有些心不在焉，几次想再跟陈敏开口把这事说清楚，可是看着陈敏兴致勃勃的样子，几次话到嘴边又咽了下去。

就这样林菲一边在心里纠结着，一边带陈敏回了家。到了林菲家，林菲的丈夫看到她带着朋友回来了，立即表现得有些不太高兴，虽然表面上没说什么，但对陈敏的态度却很疏离。林菲把陈敏安排到客房，然后试着跟丈夫沟通，可是一直沟通到晚上，丈夫丝毫都不妥协，一直觉得特别不能理解。

他甚至还指责林菲，说她太自私了，这个家是他们共同的，当时约法三章也是彼此同意的。这么多年他们一直共同遵守着这个习惯，事实证明这样的做法于家庭生活也是有益的。可她现在怎么能说破坏就破坏呢？

到了晚上，筋疲力尽的林菲见实在隐瞒不下去了，只得支支吾吾地跟陈敏讲出了实情。

陈敏一听，有点不愉快地提着行李就往外走，一边走一边说：

"想不到这么多年，你跟我还是生分了！你有难处，如果一开始就跟我说，我一定能够理解。而不是像你现在这样，自己反复地纠结这半天，却依然于事无补。真是得不偿失！"

林菲只能抱着陈敏撒娇。

陈敏拉着林菲的手说："亲爱的，我生气的不是这件事情，而是你处理这件事情的态度。既然大家是好朋友，说开也就没事了，只是你以后一定要记得，让你为难的事情越早拒绝越好！"

3

兮兮比我小几岁，是在一次品茶会上认识的，后来我们熟悉了就成为朋友。因为我年长，兮兮就叫我姐姐，有什么事也总是跑来跟我说。

有一天，兮兮打电话征询我的意见："我男朋友公司周转不灵了，要跟我借十万元钱，姐，你说这个事儿靠谱吗？"

我问兮兮："你自己怎么想的？"

兮兮说："从理智上来说，我也有点不想借给他，毕竟目前我们的关系还不稳定。可从情感上来说，他是我男朋友，我希望他的公司能发展得好，谁还没个困难的时候呢？我想帮他一把。"

我又问兮兮："那你现在有十万元吗？他要借多长时间？"

兮兮说："我没有十万元，手头只有五万元，我想再找朋友借五万元给他。他说只需要三个月，三个月以后一定还我。还说我就是他生命里最重要的人。"

我叹了口气告诉她说："如果你真的在咨询我的意见，而你也实在想体现你对他的情谊，那么你借给他五万就行了，你目前只有这个能力。"

兮兮说："我自己再认真想一想吧！"

挂了电话，以我对兮兮的了解，知道她肯定会借钱给她的男朋友。

　　她太善良了，尤其是对她身边的人，常常设身处地地为别人着想，有时候甚至到了宁可让自己为难也会帮助别人的地步。只是不知道这件事情最后的结果怎样，我在心里一直替她担心着。

　　果然几天后，兮兮给我电话时印证了我的猜测，她果然向朋友借了五万元，连带她自己的五万元一起借给了男朋友。

　　我埋怨她说："真不知道应该说你傻，还是表扬你对他太真诚。自己没有，还要跟别人借了再借给他。万一，我是说万一他还不上呢？你要怎么办，你考虑过这个问题吗？"

　　兮兮说："不会的，我们感情那么好，我相信他的人品。如果实在是还不上，我也认了！"

　　我只能祈祷老天多帮帮这么善良的女孩子了，让她不要看到人性的丑恶。

　　转眼三个月过去了，兮兮开始不停地给我打电话，来电的原因无外乎都与她借给男朋友的钱有关。她男朋友不仅不还钱给她，有时候甚至不接她的电话。他们的感情也因此产生了变化。

　　男朋友不还钱，结果兮兮开始被朋友们催债。兮兮自己的钱可以先不要，可是她从朋友那儿借的钱却不能不还，所以她只好跟男朋友要钱，可是他答应了一次又一次，可是到了说好的还钱日期却一次又一次还不上。为这件事情，兮兮痛苦得整夜睡不着觉，人也一下子消瘦了不少，眼泪自然也没少流。

钱要到最后，兮兮男朋友不仅不再接她的电话，甚至对她避而不见。

到后来兮兮没办法了，只得向法院提起诉讼。钱最后倒是追回来了，可兮兮男朋友对兮兮最后说的话却是："没想到你这个女人这么恶毒！真后悔此生认识了你，在我最难的时候你这样对我。"分手是自然的事情，但兮兮在这次打击里很久都没缓过神来。

她怎么也想不通，自己真心实意地帮助过的爱人，最后怎么变成了仇人？

其实如果兮兮一开始就拒绝了男朋友的请求，或者只是在自己力所能及的范围内帮他，事情或许就不会发展到闹上法庭的地步，她自己也不会伤得那样深。

4

生活里很多千头万绪的纠结，寻其原因不过是本应该一开始就拒绝的事情，我们却常常因为面子，因为情感而不懂得去拒绝，从而最后让自己陷入纠结、两难的境地。

你不懂得拒绝别人，别人只当你好说话；

你不愿意去拒绝别人，那么为难的必然是你自己。

也许你觉得不拒绝，就是有情有义的一种体现，可你忘记了那样的情谊往往都是不被人珍惜的。

　　不懂拒绝的行为，更多体现的是你做事情没有原则，是非不分，做人没有底线的一种混沌局面。这种不拒绝的行为在实际上，并不能把你的优点放大到别人认可的地步，别人也并不会为你这种因不懂拒绝受到的伤害去买单，最终承受这一切恶果的只是你自己而已。

　　所以在任何时候，当我们不去拒绝别人请求的时候，首先要明白对方这种请求是否是正义的。而在正义的前提下再想清楚：这种不拒绝行为发展到最坏的地步，会给自己带来什么样的不良后果，而这种后果你又是否能够接受和承受。

　　如果你想到了最坏的层面，依然觉得那样的结果你可以接受，也不会给你带来伤害，那么你可以不拒绝。

　　而如果你明明想到很可能发生的局面，并且非常害怕那种结果的出现，却又在心底乐观地认为事情不会朝那么糟糕的方向发展，那么你就必须拒绝。

　　与其抱着一种侥幸的心理里去纠结，倒不如一开始就拒绝，只有这样才能把伤害和损失都降到最低。从而避免让自己经历一段凌乱不堪的挫折和折磨，免于在痛苦不堪的淤泥里去怀疑人生。